Arbeitsheft

Kfz – Das erste Jahr in der Werkstatt

Lerninhalte für den Berufseinstieg im Berufsfeld Fahrzeugtechnik

Thomas Blumhagen

2., völlig überarbeitete Auflage

Verlag Handwerk und Technik GmbH – Hamburg

Danksagung

Der Verlag sowie der Autor bedanken sich für die hilfreiche Unterstützung aus der Kraftfahrzeugindustrie, dem Kraftfahrzeughandwerk und dem Kfz-Handel.

Thomas Blumhagen

Symbole

	Führen Sie eine Diskussion.
	Arbeiten Sie mit einem Fachbuch, Tabellenbuch.
	Arbeiten Sie mit dem Internet.
	Erstellen Sie eine Mindmap oder Tabelle.
	Erstellen Sie eine Präsentation.
	Erkunden Sie, erkundigen Sie sich.
	Arbeiten Sie mit dem Download-Material des Schülerhandbuches bei Handwerk und Technik (Herunterladen, ggf. Ausdrucken).
	Arbeiten Sie auf zusätzlichem Schreib- bzw. Zeichenpapier.
	Erstellen Sie eine Skizze bzw. eine Zeichnung.
	Arbeiten Sie mit dem Taschenrechner.

ISBN 978-3-582-25221-0
Best.-Nr. 3538
Arbeitsheft – 2. Auflage

ISBN 978-3-582-35381-8
Best.-Nr. 35381
e-Löser Arbeitsheft mit Lösungen – I/2. Auflage

Verlag Handwerk und Technik GmbH,
Lademannbogen 135, 22339 Hamburg; Postfach 63 05 00, 22331 Hamburg – 2022
E-Mail: info@handwerk-technik.de – Internet: www.handwerk-technik.de

Satz und Layout: Roman Bold & Black, 50672 Köln
Umschlagmotive: Shutterstock Images LLC, New York, USA: 1©Vlad Kochelaevskiy; 2©Chonlatee42; 3©SpeedKingz; 4©Wasan Tita
Druck: Brüder Glöckler GmbH, 2752 Wöllerdorf (Österreich)

Vorwort

An Schülerinnen und Schüler
Dieses kombinierte Arbeitsheft mit digitalem Schülerhandbuch als Begleitmaterial bietet einen ersten Einblick in die Arbeitswelt eines kraftfahrzeugtechnischen Berufes.

Zu Beginn wird das betriebliche Umfeld und die Ausbildung im Berufsfeld Kraftfahrzeugtechnik beleuchtet.
Im Weiteren werden Maschinen, Geräte und Werkzeuge, insbesondere vor dem Hintergrund der Arbeitssicherheit, thematisiert.

Für den beruflichen Einstieg folgen Kapitel zum Geschäftsprozess und zur Kundenorientierung.

Das System Kraftfahrzeug wird übersichtlich in Funktionseinheiten erklärt.

Typische Werkstattarbeiten im ersten Jahr der Ausbildung runden dieses kombinierte Arbeitsheft ab.

An Lehrerinnen und Lehrer
Dieses kombinierte Arbeitsheft mit digitalem Schülerhandbuch als Begleitmaterial bietet den jugendlichen Nutzern und Nutzerinnen eine Unterstützung zum Übergang in die Ausbildung, um sich mit den Anforderungen und Rahmenbedingungen einer kraftfahrzeugtechnischen Ausbildung vertraut zu machen.

Das digitale **Schülerhandbuch (SHB)** orientiert sich dabei an den Lernfeldern und betrieblichen Inhalten des ersten Ausbildungsjahres der kraftfahrzeugtechnischen Berufe.

Die Einstiegsseiten in jedes Kapitel enthalten **fachliche Informationen** rund um das erste Jahr der Ausbildung. Zahlreiche **Abbildungen** visualisieren die Beschreibungen, schaffen Übersichtlichkeit und Bezüge zur Praxis.

Struktogramme und **tabellarische Darstellungen** sind leicht verständlich und bilden Zusammenhänge übersichtlich ab.

Randspaltenvermerke enthalten Querverweise, welche den Nutzern und Nutzerinnen die Sachverhalte näher erläutern. Definitionen, Übersetzungen, Formeln oder weiterreichende kurze Erklärungen bieten hier zusätzliche Informationen.

Das folgende **Arbeitsheft (AH)** bietet umfangreiche Aufgabenstellungen und ist ein **Rückblick** auf jedes Kapitel des digitalen **Schülerhandbuches (SHB)**:

Die ersten beiden Aufgabenbereiche sind untergliedert in die Niveaustufe 1 **„Zur Wiederholung“** und Niveaustufe 2 **„Zur Vertiefung“**. In der Niveaustufe 1 sind die gestellten Aufgaben größtenteils mit Hilfe der Info-Seiten dieses Schülerhandbuches lösbar. Niveaustufe 2 bietet weitergehende Fragestellungen mit Transferanspruch.

Der sich anschließende Aufgabenbereich **„Arbeitsaufträge“** mit seinen vielen motivierenden Abbildungen enthält die grundlegenden Inhalte im Arbeitsheftcharakter. Die methodisch vielfältigen Aufgaben und Arbeitsaufträge lassen sich mit dem Schülerhandbuch sowie mit einem zusätzlichen Fach- oder Tabellenbuch lösen.

Es schließt sich der Aufgabenbereich **„Selbstlernzeit“** an, eine Seite mit kreativen Arbeitsaufträgen. Diese geben Raum für methodisches Arbeiten mit vielen Selbstgestaltungsmöglichkeiten für die Lernenden und erweitern so am Ende eines jeden Kapitels noch einmal mehr den Arbeitsheftcharakter des Werkes.

Die Aufgabenseiten schließen mit 10 **„Testfragen“** ab, welche bei Bedarf auch als Lernkontrolle eingesetzt werden können.

Kassel, im Juli 2022

Inhalt

4 Das System Kraftfahrzeug

5 Fahrzeugdaten

6 Fahrzeuge und Systeme nach Vorgaben warten und inspizieren

7 Austauschen einfacher Baugruppen und Systeme durch Demontieren und Montieren

8 Funktionsstörungen identifizieren und diagnostizieren

1 Die Auszubildenden in ihrem beruflichen Umfeld

Rückblick

1.1 Aufgaben zur Wiederholung

1. Nennen Sie sechs fahrzeugtechnische Berufe, welche es in der BR Deutschland gibt.

2. Erklären Sie, was man in der BR Deutschland unter dem **Dualen Ausbildungs**system versteht.

3. Verdeutlichen bzw. begründen Sie den Begriff der **„gestreckten" Gesellenprüfung**.

4. In der Organisation von Ausbildung spielen die **IHK**, die **HWK** und die **KH** eine zentrale Rolle. Erläutern Sie diese Abkürzungen.

5. Beschreiben Sie die Funktion eines **Lehrlingswartes** in der Ausbildung.

6. Beschreiben Sie mit eigenen Worten das Arbeitsumfeld eines Kfz-Mechatronikers bzw. einer Kfz-Mechatronikerin zum einen in der Automobilindustrie und zum anderen im Kfz-Handwerk, und stellen Sie dabei deutliche Unterschiede heraus.

7. Listen Sie Aufgaben/Tätigkeiten von Kfz-Mechatronikern/-innen (und/oder eines anderen Kfz-technischen Berufes) im Geschäftsprozess eines Autohauses bzw. eines Kfz-Betriebes auf?

1.2 Aufgaben zur Vertiefung

1. Stellen Sie ein Autohaus, eine Kfz-Werkstatt oder eine Firma des Kfz-Handwerks Ihrer Wahl vor. Erkundigen Sie sich dafür im Internet oder vor Ort über diesen Betrieb sowie auch, ob er ausbildet.
Stellen Sie Ihre Ergebnisse in einer Präsentation dar.

2. Benennen Sie fünf Eigenschaften, welche Arbeitgeber bzw. Arbeitgeberinnen an Auszubildenden und Mitarbeitern bzw. Mitarbeiterinnen wertschätzen und bezüglich einer Einstellung voraussetzen.

3. Deuten und erläutern Sie das folgende englische Bewerbungsmotto: „You never get a second chance to make a first impression!“ im Hinblick auf Ihre gegenwärtige Ausbildungssituation.

4. Jedes Stellenangebot enthält einen Katalog an Bewerbungsvoraussetzungen. Dabei lässt sich der gewünschte Ausbildungsplatz in „Kann-Anforderungen“ und „Muss-Anforderungen“ unterscheiden.
Stellen Sie in einer Tabelle wünschenswerte sowie zwingende Voraussetzungen für die Ausbildung zum/zur:

- Kfz-Mechatroniker bzw. Kfz-Mechatronikerin bzw. Fachpraktiker bzw. Fachpraktikerin für Kfz-Mechatronik und/oder
- Karosserie- und Fahrzeugbaumechaniker bzw. Karosserie- und Fahrzeugbaumechanikerin und/oder
- Fahrzeuglackierer bzw. Fahrzeuglackiererin und/oder
- Zweiradmechatroniker bzw. Zweiradmechatronikerin und/oder
- Land- und Baumaschinenmechatroniker bzw. Land- und Baumaschinenmechatronikerin und/oder
- Mechaniker bzw. Mechanikerin für Reifen- und Vulkanisationstechnik

gegenüber.

Name: | Klasse: | Datum:

1.3 Arbeitsaufträge

1. Ausbildungsbetrieb und Berufsschule sind im System der dualen Berufsausbildung eigenständige Lernorte. Sie ergänzen sich in der Ausbildung mit ihrem jeweiligen Bildungsauftrag. Beschreiben Sie ihre Aufgaben gemäß der jeweils gültigen Vorschrift.

Der Betrieb

Die Berufsschule

2. Nennen Sie jeweils zwei Merkmale der Arbeitsrahmenbedingungen in den genannten Bereichen.

Arbeitsumfeld von Kfz-Mechatronikern bzw. Kfz-Mechatronikerinnen	
in der industriellen Produktion	in handwerklichen Betrieben

3. Stellen Sie die Firma vor, in welcher Sie arbeiten.

Erkundungs- bzw. Besichtigungsprotokoll meines Ausbildungsbetriebes

Firmenname:

Rechtsform des Betriebes (KG, OHG, GmbH, o. ä.):

Betriebsgröße/Fläche (zirka):

Jahr der Firmengründung:

Anzahl der Mitarbeiter bzw. Mitarbeiterinnen insgesamt:

Anzahl der Auszubildenden:

Tätigkeitsfelder des Betriebes:

Spezialisierung auf Kundenbereiche:

Ausstattung mit ortsfesten Maschinen/Geräten:

Ausstattung mit Diagnosetechnik:

4. Ordnen Sie die folgenden Bezeichnungen den darunterstehenden Beschreibungen korrekt zu. Schreiben Sie hierfür die Buchstaben A bis E in die leeren Kästchen.

A Stelle (Arbeitsplatz)

B Abteilung

C Unternehmen

D Geschäftsleitung

E Personalabteilung

☐ Betriebstyp in marktwirtschaftlichen Systemen mit dem Streben nach Gewinnerwirtschaftung.

☐ Person oder Personengruppe, welche die Vorgänge in einem Unternehmen (Betrieb) an oberster Stelle leitet.

☐ Kleinste, elementare Organisationseinheit in einem Unternehmen mit genau beschriebenen Aufgaben.

☐ Zuständig für administrative und routinemäßige Aufgaben des Mitarbeiterbereiches.

☐ Zu größerer Organisationseinheit zusammengefasste Stellen.

5. Zeichnen Sie die grundlegende Organisationsstruktur des Betriebes (Organigramm), in welchem Sie arbeiten. Geben Sie über-, unter- und nebengeordnete Bereiche und Stellen an.

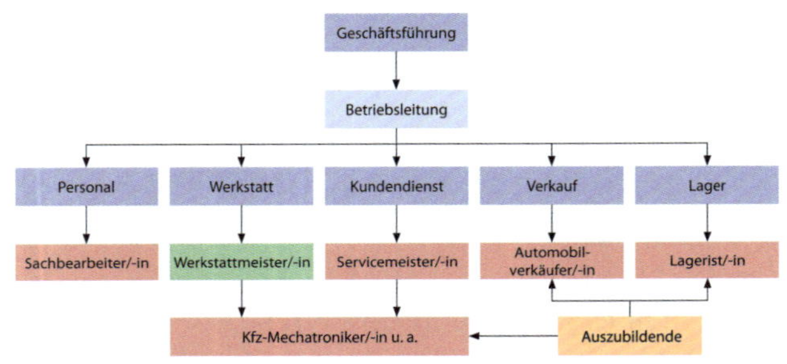

1.4 Selbstlernzeit

1. Wenn Sie Ihre beruflichen Stärken analysieren möchten oder erfahren wollen, welche Berufe zu Ihnen passen, bietet Ihnen die Agentur für Arbeit unter „Bildung" bzw. „Ausbildung" hilfreiche Unterstützung.
Notieren Sie Berufe, welche Sie interessieren!

2. Informieren Sie sich im Internet über die Berufsausbildung in den verschiedenen fahrzeugtechnischen Berufen. Schauen Sie sich dazu hilfreiche Videos an (z. B. beim Bayerischen Rundfunk).

YouTube

3. Recherchieren Sie den Rahmenlehrplan zum Ausbildungsberuf des Kraftfahrzeugmechatronikers bzw. der Kraftfahrzeugmechatronikerin auf der Seite Ihres Kultusministeriums.
Informieren Sie sich über die Inhalte der Ausbildung.
Notieren Sie die wesentlichen Lerninhalte des jeweiligen Ausbildungsjahres.

KMK
KULTUSMINISTER KONFERENZ

Teil Lernfelder

Übersicht über die Lernfelder für den Ausbildungsberuf
Kraftfahrzeugmechatroniker und Kraftfahrzeugmechatronikerin

Lernfelder Nr.		Zeitrichtwerte in Unterrichtsstunden 1. Jahr	2. Jahr	3. Jahr	4. Jahr
1	Fahrzeuge und Systeme nach Vorgaben warten und inspizieren	80			
2	Einfache Baugruppen und Systeme prüfen, demontieren, austauschen und montieren	100			
3	Funktionsstörungen identifizieren und beseitigen	100			
4	Umrüstarbeiten nach Kundenwünschen durchführen	40			
5	Inspektionen und Zusatzarbeiten durchführen		60		
6	Funktionsstörungen an Bordnetz-, Ladestrom- und Startsystemen diagnostizieren und beheben		80		

4. Suchen Sie im Internet nach entsprechenden Ausbildungsbetrieben in Ihrer Region.
Halten Sie die jeweiligen Kontaktdaten schriftlich fest (Firmenname, Ort, Telefonnummer, etc.), um sich ggf. mit dem Betrieb in Verbindung setzen zu können.

5. Erstellen Sie eine repräsentative und aussagekräftige Bewerbungsmappe mit Anschreiben, Lebenslauf und Zeugnissen.
Unterstützungsangebote bieten z. B. die Agentur für Arbeit, Krankenversicherungen usw.

6. Bereiten Sie in Partnerarbeit ein Rollenspiel für ein mögliches Vorstellungsgespräch vor.
Führen Sie das Rollenspiel durch. Dieses kann durch Videoaufzeichnung im Anschluss analysiert werden.
Besprechen Sie im Vorfeld, wer die Rolle des Bewerbers/der Bewerberin bzw. des Personalsachbearbeiters/der Personalsachbearbeiterin übernimmt.

7. „It`s the difference that makes the difference".
Charakterisieren Sie (aus betrieblicher Sicht) idealtypische Auszubildende.
Gute Auszubildende sollten …

Name: | Klasse: | Datum: | 1 von 1

1.5 Testfragen

Hinweis: Je Aufgabe ist nur eine Lösung anzukreuzen.

1. Welche Aussage bezüglich der Berufsausbildung in fahrzeugtechnischen Berufen ist richtig?

a) In der BR Deutschland gibt es insgesamt drei fahrzeugtechnische Berufe, in denen man ausgebildet werden kann. ☐

b) In der BR Deutschland findet die Berufsausbildung überwiegend vollschulisch statt. ☐

c) Die Ausbildung zum/zur Kfz-Mechatroniker/-in dauert regulär 1,5 Jahre. ☐

d) Die zu vermittelnden Ausbildungsinhalte sind in Ausbildungsordnungen und Lehrplänen festgelegt. ☐

2. Was versteht man unter dem „Dualen System der Berufsausbildung"?

a) Das Duale System begrenzt die Ausbildungsdauer auf zwei Jahre. ☐

b) Mit „Dual" ist gemeint, dass man zwei verschiedene Ausbildungen in einer zusammen absolviert. ☐

c) Betrieb und Berufsschule sind zwei Bildungspartner in der Berufsausbildung mit eigenständigen Lernorten. ☐

d) Zwei Auszubildende betreiben Ausbildungs-Sharing, d. h. sie teilen sich einen Ausbildungsplatz. ☐

3. Betriebe schätzen gute soziale Kompetenzen bei ihren Auszubildenden.
Welche Aussage beschreibt gute Umgangsformen? Ich als Auszubildender bzw. Auszubildende …

a) setze meinen Willen meist durch, die Meinung anderer interessiert mich eher nicht. ☐

b) weiß, dass mein Ausbildungsbetrieb Wert auf Ehrlichkeit, Pünktlichkeit und Verlässlichkeit legt, und damit verbunden zeige ich mich beim Erledigen meiner Arbeiten motiviert. ☐

c) zeige mich gelegentlich belastbar und denke, dass das für meinen Chef ok ist, denn ich bin ja nur Auszubildende/-r. ☐

d) pflege intensiv soziale Kontakte während meiner Arbeit als Kfz-Mechatroniker/-in – Gespräche, sowohl mit anderen Mitarbeitern/-innen als auch mit Kunden/-innen, sind mir wichtig und vorrangig. ☐

4. Den freiwilligen Zusammenschluss gleicher Handwerksbetriebe eines Kreises nennt man gemäß Handwerksordnung …

a) Handwerkskammer, ☐

b) Handwerksinnung, ☐

c) Kreishandwerkerschaft, ☐

d) Industrie- und Handelskammer. ☐

5. Welche der folgenden Aufgaben hat die Handwerkskammer u. a. zu erfüllen?

a) Ausfüllen der Ausbildungsverträge ☐

b) Beratung bei Fragen zur Rente ☐

c) Überwachen des Unfallschutzes ☐

d) Überwachen der Berufsausbildung ☐

Name:	Klasse:	Datum:	1 von 2

6. Nennen Sie diejenige Institution, welche im Handwerk über die Eignung eines Betriebes als Ausbildungsstätte wacht.

- **a)** Gewerkschaften ☐
- **b)** Industrie- und Handelskammer ☐
- **c)** Handwerkskammer ☐
- **d)** Gewerbeaufsichtsamt ☐

7. Welches Hauptziel verfolgt gewöhnlich der/die Chef/-in eines Autohauses bzw. eines Kfz-Reparaturbetriebes?

- **a)** Freude am unternehmerischen Risiko ☐
- **b)** Versorgung des Marktes mit Waren und Gütern ☐
- **c)** Schaffen von Arbeitsplätzen ☐
- **d)** Erwirtschaften eines Gewinns ☐

8. Bei welchem der folgenden Betriebe handelt es sich um einen **Dienstleistungsbetrieb**?

- **a)** Kfz-Reparaturbetrieb ☐
- **b)** Automobilfabrik ☐
- **c)** Einzelhandelsbetrieb ☐
- **d)** Schreinerei ☐

9. Wem trägt der Kunde bzw. die Kundin in größeren Kfz-Vertragswerkstätten gewöhnlich sein bzw. ihr Anliegen vor?

- **a)** dem Geschäftsführer bzw. der Geschäftsführerin im Büro der Geschäftsleitung ☐
- **b)** dem Kundendienstberater bzw. der Kundendienstberaterin bzw. dem Servicemeister bzw. der Servicemeisterin an der Annahme ☐
- **c)** dem Leiter bzw. der Leiterin des Ersatzteillagers ☐
- **d)** dem/der Auszubildenden in der Werkstatt ☐

10. Die Arbeitspläne der Mitarbeiter/-innen in der Werkstatt (Gesellen/-innen sowie Auszubildende) plant zumeist:

- **a)** der Verkaufsleiter bzw. die Verkaufsleiterin, ☐
- **b)** die Buchhaltung, ☐
- **c)** der Leiter bzw. die Leiterin des Ersatzteillagers, ☐
- **d)** der Serviceleiter bzw. die Serviceleiterin oder der Werkstattmeister bzw. die Werkstattmeisterin, ☐
- **e)** der Geschäftsführer bzw. die Geschäftsführerin. ☐

Vorschlag:							erreichte Punkte:	erreichte Note:
Punkte:	10	9	8/7	6/5	4/3	2/0		
Note:	1	2	3	4	5	6		

Name: | Klasse: | Datum: | 2 von 2

2 Werkzeuge, Arbeitssicherheit und Umweltschutz

Rückblick

2.1 Aufgaben zur Wiederholung

1. Die folgenden Abbildungen zeigen einen Schlitzschraubendreher im Schraubenkopf. An welchen beiden Merkmalen wird deutlich, dass in der rechten Abbildung der Schraubendreher für diesen Schraubenschlitz ungeeignet ist? Welche Folgen kann dieser unsachgemäße Einsatz haben?

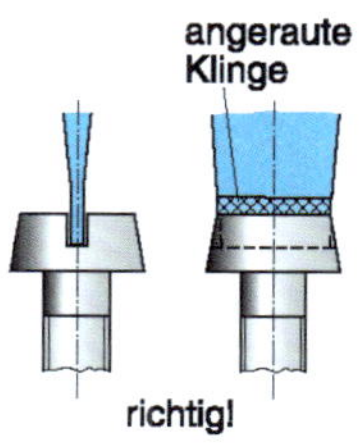

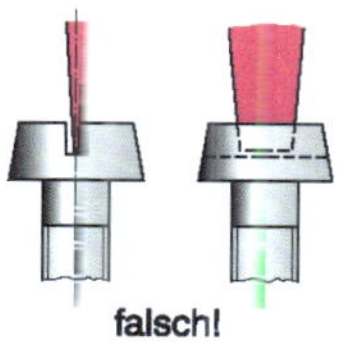

Merkmale des ungeeigneten Werkzeuges

1.

2.

Folgen dieses ungeeigneten Werkzeugeinsatzes:

1.

2.

2. Benennen Sie die typischen Handwerkzeuge aus einer Kfz-Werkstatt!

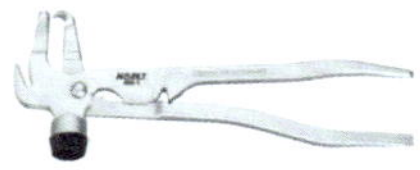	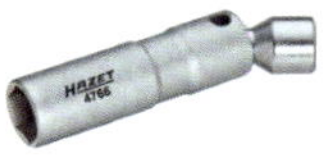			

3. Welche besonderen Vorschriften gelten für Jugendliche unter 18 Jahren beim Umgang an Hebebühnen?

4. Welche Ausführungen von Hebebühnen eignen sich für den jahreszeitlich bedingten Räderwechsel an Kraftfahrzeugen?

5. Beschreiben Sie das richtige Verhalten bei einem Brand in der Kfz-Werkstatt.

6. Bei welchen Arbeiten im Kfz-Betrieb müssen Sie eine Schutzbrille tragen, um den Sicherheitsrichtlinien der **Berufsgenossenschaft (BG)** zu entsprechen?

7. Nennen Sie typische Lärmquellen und deren Geräuschpegel in der Kfz-Werkstatt.

8. Beschreiben Sie, wie die Altölentsorgung in Ihrem Ausbildungs- bzw. Praktikumsbetrieb korrekt umgesetzt wird. Worauf ist im Entsorgungsprozess zu achten?

2.2 Aufgaben zur Vertiefung

1. Der sogenannte „Hautschutzplan“ informiert über Reinigungs- und Pflegemaßnahmen der Haut im beruflichen Alltag.
Besorgen Sie sich einen „Hautschutzplan für Kfz-Werkstätten“ oder erstellen Sie selbst einen solchen Plan.

2. Informieren Sie sich über Maßnahmen des technischen Arbeitsschutzes. Beschreiben Sie entsprechende Hinweisschilder und Gerätschaften in Ihrem Ausbildungsbetrieb/Praktikumsbetrieb.

3. Beschreiben Sie, was in Ihrem Ausbildungsbetrieb/Praktikumsbetrieb unternommen wird, um Berufserkrankungen, siehe Abb. ➡ 1, möglichst zu verhindern.

4. Befragen Sie die Umweltschutz- bzw. Sicherheitsbeauftragten in Ihrem Betrieb nach ihren Aufgaben.

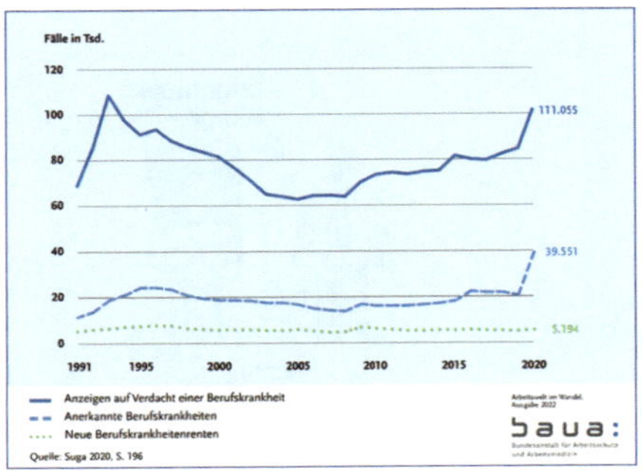

1 *Berufskrankheiten*

5. Ordnen Sie die folgenden Antwortmöglichkeiten dem Aussagentext logisch richtig zu:

Drehmomentschlüssel	Schutzbrille	Rücken	Feuer	Wasser
Zündpunkt	Feuerlöscher	Beinen	gasförmig	Ausbilder
Lärmschutzgrenzwert	Betriebsanweisung	Wasser	Augen	Masse

Wenn Sie sich während der Arbeit in der Werkstatt verletzen, so informieren Sie umgehend Ihren/Ihre ______________. Die meisten körperlichen Verletzungen in der Kfz-Werkstatt betreffen die ______________ und den ______________. Heben Sie schwere Lasten aus den ______________, nicht aus dem Rücken. Wenn ein loderndes ______________ außer Kontrolle gerät, so verlassen Sie den Bereich sofort und rufen um Hilfe. In welchem Aggregatzustand ist Kraftstoff am gefährlichsten? ______________. Der ______________ im Innenbereich von Werkstätten beträgt 80 dB(A). Die Temperatur, bei welcher Kraftstoffdämpfe explodieren, wenn sie mit einer offenen Flamme in Berührung kommen, nennt man ______________. Trennen Sie von der Batterie die ______________-leitung, bevor Sie am elektrischen System eines Kfz arbeiten. Versuchen Sie nicht, einen Kraftstoffbrand mit ______________ zu löschen. Das Informationsblatt, welches in Werkstatträumen über Gefahrenstoffe informiert, nennt man ______________.
Zur persönlichen Schutzausrüstung gehört die ______________, aber nicht der ______________. Wenn Säure auf Ihre Haut oder in die Augen gelangt, so spülen Sie die Stelle gründlich mit ______________ – bei Augenkontakt mindestens 15 Minuten lang. Anschließend sofort einen Unfallarzt aufsuchen. Einen ______________ benötigt man zum korrekten Befestigen von Radschrauben.

Name: | Klasse: | Datum: | 1 von 1

2.3 Arbeitsaufträge

1. Schreiben Sie die richtigen Werkzeugbezeichnungen unter das jeweilige Handwerkzeug.

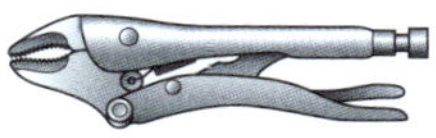		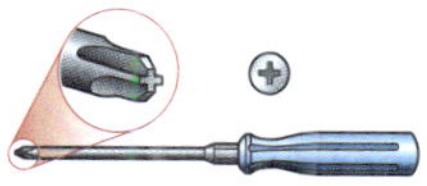	
	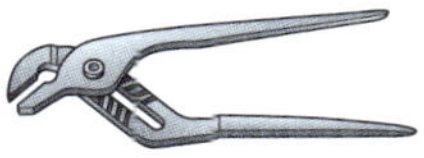	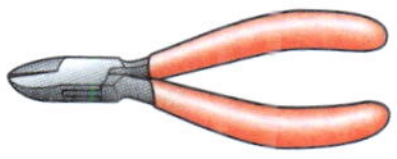	

2. Ordnen Sie die Buchstaben der Bilder den jeweiligen Begriffen richtig zu.

A 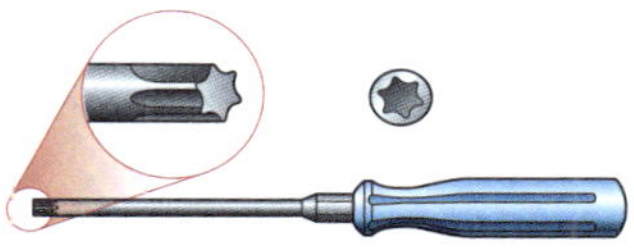	B 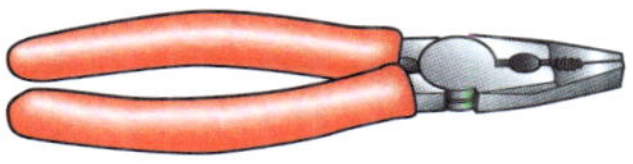	C 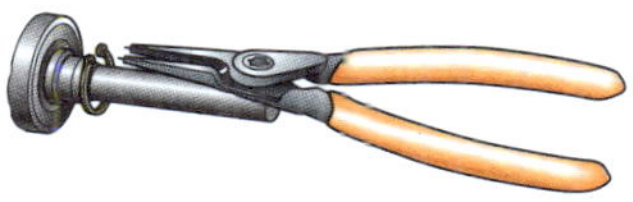
D 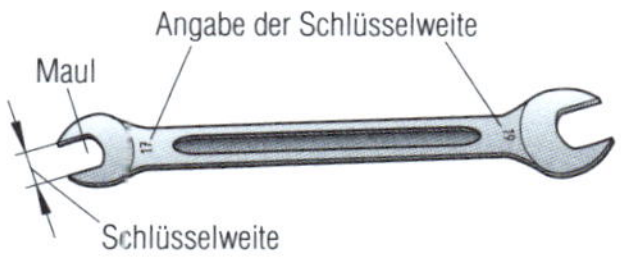	E 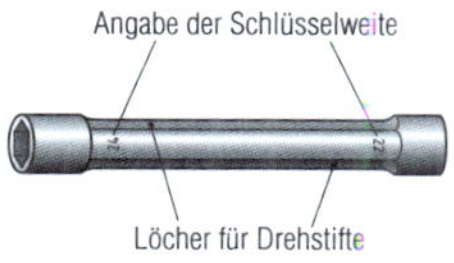	F 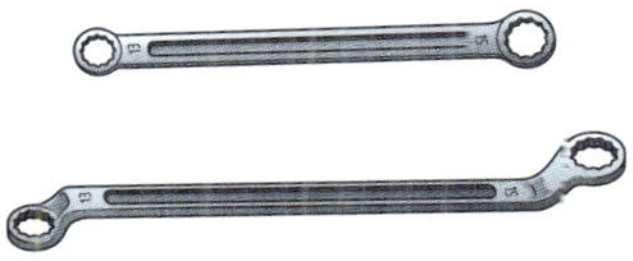

Sicherungszange		Schraubendreher		Steckschlüssel	
Kombinationszange		Doppel-Maulschlüssel		Doppel-Ringschlüssel	

3. Geben Sie mindestens vier wichtige Hinweise zur Bedienung und zum Arbeitsschutz an Hebebühnen.

4. Ordnen Sie die Bezeichnungen und Bilder (rechts) den Beschreibungen (links) richtig zu. Schreiben Sie dazu die Buchstaben in die leeren Kästchen.

Dient zum Trennen von mittelharten und harten Werkstoffen:	
Mit Luftdruck betriebenes Werkzeug, u. a. zum Lösen von Radschrauben:	
Schonendes Schlagwerkzeug mit Metallgranulat im Kopfteil:	
Passt auf eine Sechskant-Schraube:	
Löst beim Anziehen von Schrauben/Muttern nach Erreichen des eingestellten Wertes aus (Knack- bzw. Klickgeräusch):	
Zum Befestigen, Lösen und Verschieben von Auswuchtgewichten an Stahlfelgen:	
Prüfmittel zum Ermitteln von Außen-, Innen- und Tiefenmaßen:	
Hilfswerkzeug für schwach beleuchtete Wartungsbereiche unterm oder im Fahrzeug:	
Messgerät zum Überprüfen elektrischer Messgrößen:	
Kleine Steckeinsätze mit Schlitz-, Kreuzschlitz- oder Torxkopf:	
Wird zwischen Sechskant-Steckschlüsseleinsatz und Ratsche verwendet:	
In der Werkstatt häufig „Inbus"-Schlüssel genannt (Markenname):	
Muss man tragen, wenn Staub, Späne, Säuren usw. die Augen gefährden:	
Wird als Schutz vor Lackschäden eingesetzt, bevor man mit der Arbeit am Fahrzeug beginnt:	
Handwerkzeug zur trennenden Bearbeitung – Wird mit einem Hammer getrieben:	

A	
B	
C	Verlängerung
D	
E	Innensechskant-Schlüssel
F	
G	Schraubendreher-Bits
H	
I	Kotflügelschoner
J	
K	Messschieber
L	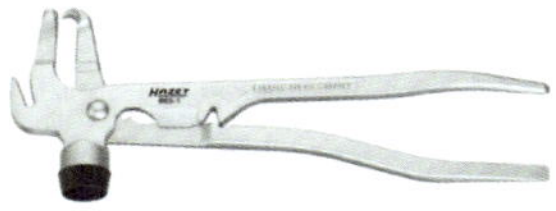
M	rückschlagfreier Kunststoffhammer
N	
O	Schlagschrauber

5. Hinweisschilder in der Werkstatt helfen, die Sicherheit am Arbeitsplatz zu erhöhen. Benennen Sie die Bedeutung der Sicherheitszeichen korrekt.

Verbote

Rettungshilfen

Warnungen

Arbeitsschutz und Betriebssicherheit

Brandschutzhilfen

Gefahren

Gebote

6. Nennen Sie Ursachen für Unfälle oder Berufskrankheiten am Arbeitsplatz?

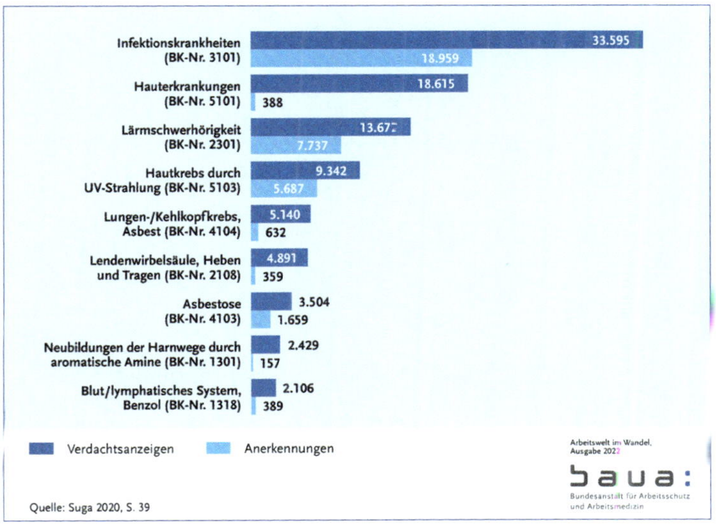

Name:
Klasse:
Datum:

5. Listen Sie in den beiden Spalten je vier Gefahrenbereiche auf, die Sie in Ihrem neuen Arbeitsumfeld als „hoch“ einschätzen.

Gefahren am Arbeitsplatz in der Werkstatt	
Berufskrankheiten	Arbeitsunfälle

8. Ergänzen Sie die Tabelle zur persönlichen Schutzausrüstung (**PSA**).

Persönliche Schutzausrüstung (Benennung)	Bei welchen Arbeiten ist dieser Körperschutz erforderlich?	Vor welchen Gefahren soll die Ausrüstung schützen? Wo liegen Gefahrenquellen?
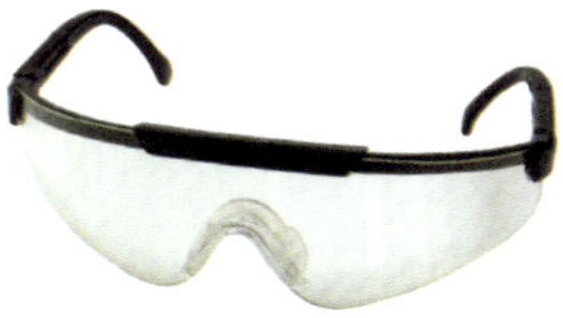		schützt vor: Gefahrenquellen:
		schützt vor: Gefahrenquellen:
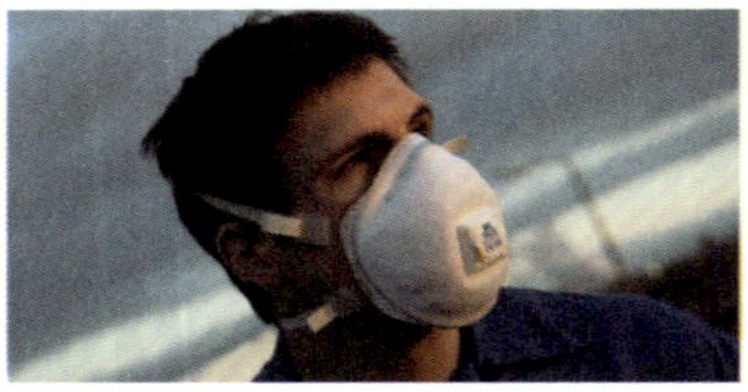		schützt vor: Gefahrenquellen:

		schützt vor: Gefahrenquellen:
		schützt vor: Gefahrenquellen:

9. Ordnen Sie die Begriffe „**Immission**" und „**Emission**" den beiden Abbildungen richtig zu und erklären Sie die Begriffe.

Definition:

Definition:

10. Nennen Sie Beispiele für Abfälle und Emissionen aus einer Kfz-Werkstatt.

Verbrauchsstoffe

Werkstatt

Abfälle:

Emissionen:

11. Ihr Meister weist Sie darauf hin, dass Sie alte Betriebsflüssigkeiten nicht verschütten und getrennt sammeln sollen. Warum müssen Sie darauf achten?

12. Nennen Sie sechs flüssige oder feste Verbrauchsstoffe in einer Kfz-Werkstatt, welche wasser- bzw. gesundheitsgefährdend sind.

13. Beschreiben Sie den Umgang mit Abfällen anhand der Grundsätze der Kreislaufwirtschaft. Ergänzen Sie dazu das Schaubild.

Grundsätze der Kreislaufwirtschaft

Regel 1:

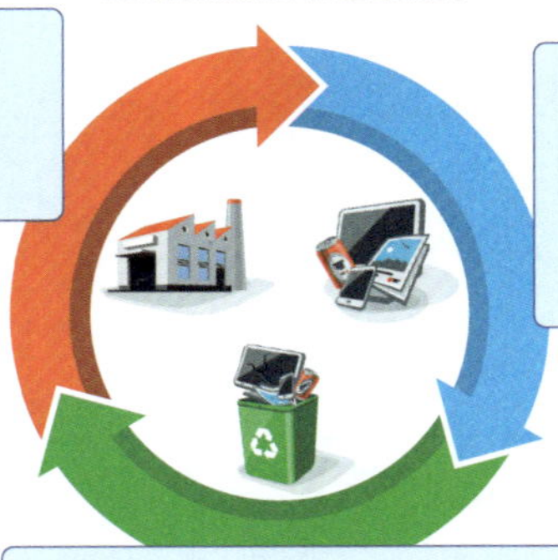

Regel 3:

Rohstoffe

Regel 2:

Abfall

14. Die folgenden Bilder zeigen verschiedene Gegenstände zur innerbetrieblichen Sammlung bzw. Lagerung. Ordnen Sie durch Einzeichnen von Pfeilen die Gegenstände den richtigen Behältern zu.

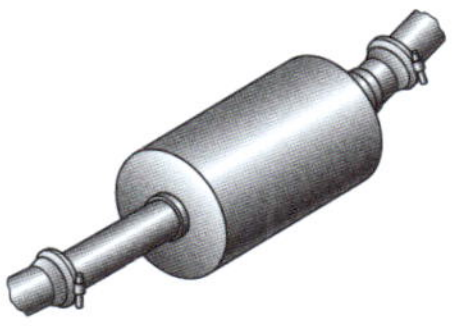

15. Ergänzen Sie die Tabelle, indem Sie passende Beispiele von Abfällen bzw. Wertstoffen aus der Kfz-Werkstatt benennen.

gefährlicher Abfall	ungefährlicher Abfall	
überwachungsbedürftig	überwachungsbedürftig	nicht überwachungsbedürftig
verwertbar:	verwertbar:	verwertbar:
entsorgen:	entsorgen:	entsorgen:

16. Die Firmenleitung klagt über gestiegene Energiekosten und bittet Sie, über sinnvolle Maßnahmen zur Energieeinsparung nachzudenken. Unterbreiten Sie drei Vorschläge.

1)

2)

3)

17. Bei welcher Schallpegelgrenze in dB(A) liegt der Lärmschutzgrenzwert für Arbeiten in Werkstätten? Nennen Sie diesbezüglich eine vergleichbare Lärmbelastung (Lärmquelle).

Lärmpegelgrenze: ____________________

Lärmquelle (Beispiel): ____________________

18. Benennen Sie Folgen einer dauerhaften Geräuscheinwirkung oberhalb des Grenzwertes für Menschen?

____

____

2.4 Selbstlernzeit

1. Werkzeuge freihand zeichnen:
Zeichnen oder skizzieren Sie mit einem Bleistift verschiedene „Handwerkzeuge in der Kfz-Werkstatt" auf ein leeres DIN A4-Blatt.

2. „Die Montagsmaler" spielen:
Teilen Sie die Lerngruppe in möglichst gleichgroße Teams. Das eine Team sind die Malenden, das andere Team sind die Ratenden. Die Malenden stellen abwechselnd Handwerkzeuge und Maschinen aus der Themenwelt einer Kfz-Werkstatt dar. Der jeweils Malende erhält vom Moderator (ggf. Lehrer bzw. Lehrerin) einen der Zettel und versucht den darauf stehenden Begriff zu malen. Dabei darf der bzw. die Malende nicht sprechen. Lediglich der Moderator bzw. die Moderatorin antwortet mit „Ja" oder „Nein". Die ratende Gruppe versucht anhand der Zeichnung den Begriff zu erraten und ruft die Lösungsideen in den Raum. Gezählt wird, welche Gruppe innerhalb von 2 Minuten die meisten Begriffe errät.

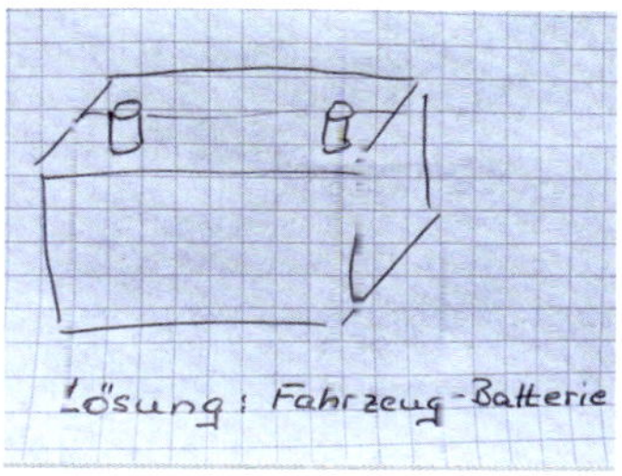

Verweis: Informieren Sie sich im Internet unter dem Begriff „Die Montagsmaler" über Spielregeln und Spielablauf, falls Sie dieses Schnellrate-Fernsehspiel nicht kennen

3. Interview führen:
Finden Sie sich in Partnerarbeit zusammen. Partner A bereitet Interview-Fragen zum Thema „Arbeitssicherheit/Unfallverhütung" vor, Partner B bereitet Interview-Fragen zum Thema „Umweltschutz in der Werkstatt" vor. Ziel soll sein, relevante Fragen zu entwickeln und zu formulieren, um den Kern des Themas zu ergründen.

Name: | Klasse: | Datum:

2.5 Testfragen

Hinweis: Je Aufgabe ist nur eine Lösung anzukreuzen.

1. Welchen Vorteil hat eine Stempel-Unterflur-Hebebühne gegenüber einer Zwei-Säulen-Hebebühne?

a) Preiswert und günstig ☐

b) Türen des Fahrzeuges können uneingeschränkt geöffnet werden (besserer Ein- und Ausstieg) ☐

c) Nur diese Hebebühne gibt es mit asymmetrischen Tragarmen. ☐

d) Leichte Nachrüstung in bestehende Werkstatt (einfacher Einbau) ☐

2. Ab welchem Alter darf man in einer Kfz-Werkstatt Hebebühnen selbstständig bedienen?

a) mit Beginn der Ausbildung ☐

b) mit dem 16. Lebensjahr ☐

c) mit dem 18. Lebensjahr ☐

d) mit dem 21. Lebensjahr ☐

3. Wie weit darf eine Hebeeinrichtung belastet werden?

a) Bis zur zulässigen Tragkraft ☐

b) Bis zur Hälfte der zulässigen Tragkraft ☐

c) Bis zum Doppelten der zulässigen Tragkraft ☐

d) Bis zur zulässigen Tragkraft, multipliziert mit der Anzahl der Säulen ☐

4. Welche Sicherheitsmaßnahmen sind bei einer Viersäulenhebebühne mit einem angehobenen Fahrzeug vorgeschrieben? Das Fahrzeug muss gesichert sein gegen …

a) … seitliches Kippen. ☐

b) … Wegrollen. ☐

c) … Wegrutschen. ☐

d) … einseitiges Anheben. ☐

5. Wer trägt im Kfz-Betrieb die Verantwortung für die Arbeitssicherheit?

a) Der gewählte Sicherheitsbeauftragte ☐

b) Eine Fachkraft für Umwelt und Betriebssicherheit ☐

c) Das Gewerbeaufsichtsamt allein oder ein von ihm bestellter Mitarbeiter bzw. eine Mitarbeiterin ☐

d) Der Unternehmer bzw. die Unternehmerin allein oder ein bzw. eine von ihm bzw. ihr bestellter Mitarbeiter bzw. bestellte Mitarbeiterin ☐

6. Nennen Sie den Grundsatz bei Ausbruch eines Feuers in der Kfz-Werkstatt.

a) Zuerst Menschen in Sicherheit bringen, dann den Brand bekämpfen. ☐

b) Zuerst die im Gefahrenbereich liegenden Stoffe wegschaffen, anschließend Menschen evakuieren. ☐

c) Nach vergeblichen Löschversuchen die Feuerwehr alarmieren. ☐

d) Zuerst den Brand bekämpfen, dann Personen in Sicherheit bringen. ☐

7. Ist für den Umgang mit gefährlichen Stoffen eine Betriebsanweisung erforderlich?

a) Ja, jedoch nur, wenn die vom Hersteller beigefügten Gefahrenhinweise ausreichend sind. ☐

b) Ja, in jedem Fall. ☐

c) Ja, wenn dies vom Lieferanten ausdrücklich gewünscht ist. ☐

d) Nein, es ist lediglich zweckmäßig, wenn mit giftigen Stoffen umgegangen wird. ☐

8. Welchen Zweck erfüllt der Umweltschutz?

a) Er soll Hinweise auf Arbeitsschutzmaßnahmen geben und die Mitarbeiter und Mitarbeiterinnen vor Missbrauch schützen. ☐

b) Er soll Menschen, Tiere und Pflanzen vor negativen Auswirkungen schützen, welche von Anlagen und technischen Geräten ausgehen. ☐

c) Er soll in den Betrieben sicherheitstechnische Regeln festlegen und deren Einhaltung sicherstellen. ☐

d) Er soll ausschließlich Menschen vor Luftverunreinigungen bewahren. ☐

9. Was kann die Folge sein, wenn Sie bei fahrlässiger oder mutwilliger Umweltverschmutzung erwischt und deshalb angezeigt werden?

a) Sie erhalten in jedem Fall Gefängnisstrafen. ☐

b) Sie oder Ihre Versicherung müssen maximal anteilige Kosten zur Beseitigung der Umweltschäden übernehmen. ☐

c) Sie können Geld- oder Gefängnisstrafen erhalten. ☐

d) Sie müssen für die Beseitigung der Umweltschäden selbst sorgen. ☐

10. Eine Fahrzeugreinigung entspricht den Umweltschutzrichtlinien, wenn sie …

a) … auf einem eingezäunten Betriebsgelände mit einer Sickergrube geschieht. ☐

b) … in geschlossenen Räumen mit einem ordentlichen Kanalanschluss erfolgt. ☐

c) … in einer Waschstraße mit öffentlichem Kanalanschluss durchgeführt wird. ☐

d) … auf einem ausgewiesenen Platz mit Ölabscheider vor dem Wasserablauf stattfindet. ☐

Vorschlag:							erreichte Punkte:	erreichte Note:
Punkte:	10	9	8/7	6/5	4/3	2/0		
Note:	1	2	3	4	5	6		

Name: | Klasse: | Datum:

3 Kfz-Mechatronik im Geschäftsprozess

Rückblick

3.1 Aufgaben zur Wiederholung

1. Nennen Sie die „vier Seiten einer Nachricht" gemäß Kommunikationsmodell nach Schulz v. Thun? – Erläutern Sie diese vier Seiten anhand eines selbst gewählten Beispieles aus der Sicht von Sender bzw. Senderin und Empfänger bzw. Empfängerin.

2. Im Umgang mit Kunden und Kundinnen ist ein professionelles Auftreten und ein wertschätzender Umgang wichtig. Entwickeln Sie je ein positives Beispiel zu Gestik, Mimik, Körperhaltung und stellen Sie diese anschaulich dar.

3. Listen Sie Wünsche und Ansprüche, die Sie selbst als Kunde bzw. Kundin an eine Kfz-Werkstatt haben, geordnet nach Wichtigkeit auf.

4. Entwickeln Sie mindestens drei Leitlinien im Umgang mit Kundenfahrzeugen.

5. Unterscheiden Sie begrifflich **Wartung** von **Inspektion** und nennen Sie zu jedem Instandhaltungsbereich zwei Beispiele.

6. Markieren Sie denjenigen Schritt, welcher nicht zur routinemäßigen Durchführung eines Instandhaltungs-Werkstattauftrages gehört und begründen Sie Ihre Entscheidung.

a) Fahrzeugannahme ☐
b) Fahrzeugbewertung ☐
c) Planung der Arbeitsschritte ☐
d) Funktionsprüfung am Ende der Arbeit ☐

Begründung: ______

7. Entwickeln Sie eine Definition für den Begriff **Qualität** und schreiben Sie diesen eigenen Merksatz auf.

8. Formulieren Sie drei Faktoren für einen maßgeblichen Unternehmenserfolg.

9. Beschreiben Sie vier Grundregeln, die Sie als junger Mitarbeiter bzw. junge Mitarbeiterin leben können, um die Arbeitsqualität in ihrem Betrieb zu verbessern bzw. auf hohem Niveau zu halten.

10. Erklären Sie den Begriff **Konflikt**.

Name: | Klasse: | Datum:

3.2 Aufgaben zur Vertiefung

1. Stellen Sie dar, wie die Kundenbetreuung in Ihrem Ausbildungs- oder Praktikumsbetrieb gelebt wird. Entwickeln Sie konkrete Ideen und Maßnahmen, die Kundenzufriedenheit zu sichern und die Kundenbindung zu erhöhen.

2. Beschreiben Sie Ihre Zuständigkeiten bzw. Verantwortlichkeiten bei Wartungs- und Pflegearbeiten. Wie sind Sie im Arbeitsprozess Ihrer Werkstatt eingebunden?

3. Analysieren Sie das untenstehende **Eisbergmodell der Kommunikation**.
Diskutieren Sie, welche Probleme das Modell beschreibt, insbesondere vor dem Hintergrund der Statements zur Kundenzufriedenheit?

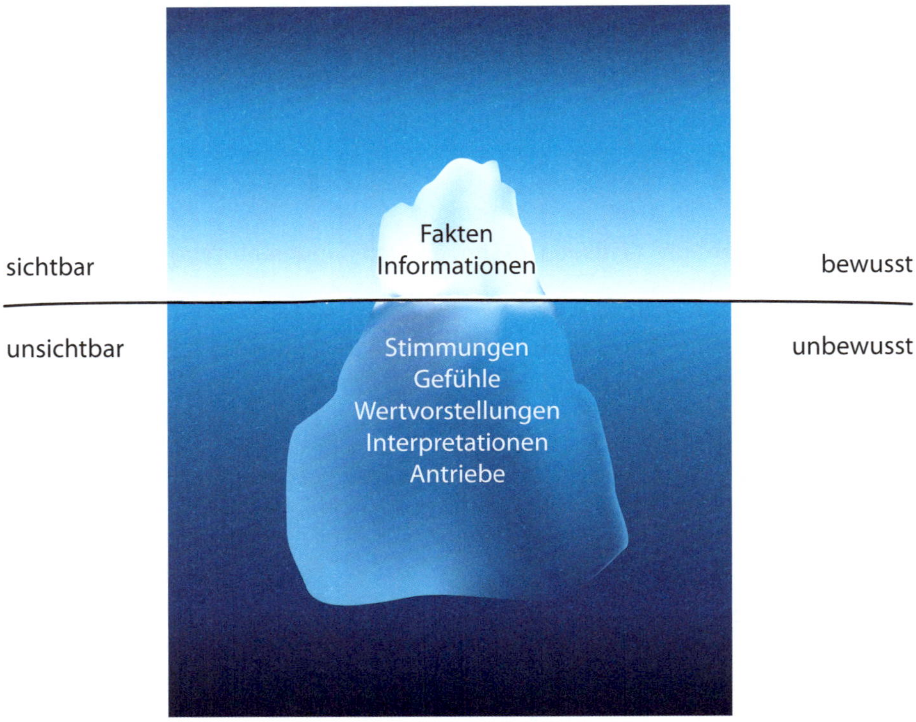

Kundenzufriedenheit

- Nur etwa 20 % aller unzufriedenen Kunden/-innen beschweren sich in der Werkstatt direkt!
- Jede(r) unzufriedene Kunde/-in trägt es aber an ca. 15 andere Personen weiter!
- Ein negatives Erlebnis macht den Eindruck von 7 positiven Erlebnissen kaputt!
- Eine(n) Neukunden/-in zu gewinnen kostet 6-mal so viel Energie, wie eine(n) Stammkunden/-in zu halten!

Name: | Klasse: | Datum: | 1 von 1

3.3 Arbeitsaufträge

1. Benennen Sie die dargestellten Arten der Kommunikation im betrieblichen Alltag?

			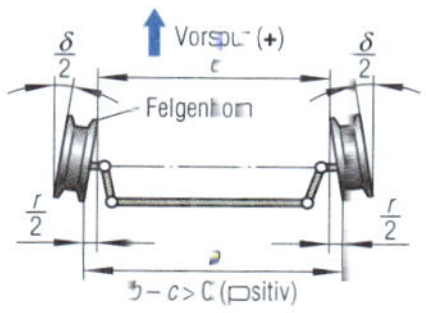
Wir reden miteinander bei einer Begegnung oder am Telefon.	Wir interpretieren Symbole.	Wir tauschen Informationen aus über Papier oder den Computer.	Wir verständigen uns über technische Darstellungen.
Durch	Durch	Durch	Durch

2. Ob eine Kommunikation positiv verläuft, hängt entscheidend damit zusammen, wie intensiv wir uns mit dem Kommunikationspartner bzw. der Kommunikationspartnerin auseinandersetzen.

a) Analysieren Sie die folgende Kommunikation nach den vier Seiten, die jede Botschaft enthalten kann.

Sender / Azubi

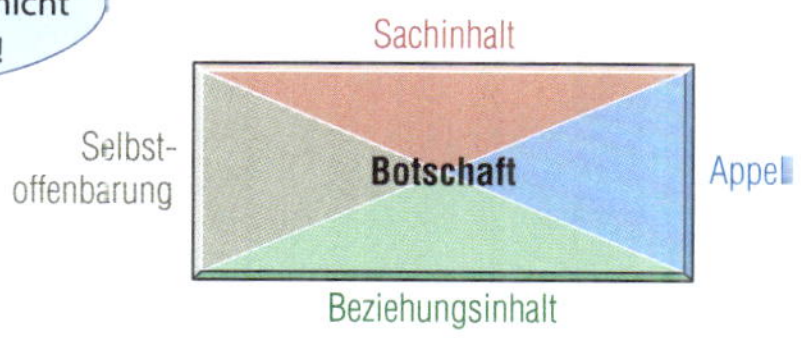

Empfängerin / Kundin

Die Ebenen der Botschaft	Die Ohren der Empfängerin
Sachinhalt (Was ist die Aussage?)	Sachinhalt (Was ist die Aussage?)
Appell (Was soll die Empfängerin tun?)	Appell (Was will der Sender von mir?)
Beziehung (Was hält der Sender von der Empfängerin?)	Beziehung (Was hält die Empfängerin vom Sender?)
Selbstoffenbarung (Was gibt der Sender von sich preis?)	Selbstoffenbarung (Wie wirkt der Sender bei der Empfängerin?)

b) Wie wäre die Aussage des Auszubildenden angemessener und kundenorientierter?

Name: | Klasse: | Datum: | 1 von 4

3. Nonverbale Kommunikation: Welche Wirkungen haben die dargestellten Körperhaltungen und Gesichtsausdrücke? Und wie reagiert man angemessen auf diese?

Körperhaltung/ Gefühlslage	Wie wirke ich mit dieser Körperhaltung/ diesem Ausdruck auf Kunden?	Wie reagiere ich, wenn ein Kunde/ eine Kundin diese Haltung einnimmt?

4. Welchen Beitrag können Sie als Auszubildende leisten, um eine hohe Kundenzufriedenheit zu erreichen?

5. Wie verhalten Sie sich angemessen, wenn Sie als momentan allein Anwesende(r) einen Rat suchenden Kunden erblicken?

6. Beschreiben Sie, wie Sie mit der Reklamation einer Kundin umgehen.

a) Gegenüber der Kundin:

b) Innerhalb der Firma:

7. Im Gespräch angemessen zu reagieren ist nicht einfach. Unsachliche und persönliche Anschuldigungen können zum Streit führen. Das Ziel einer positiven Veränderung wird verfehlt.
Formulieren Sie die kritischen Botschaften so um, dass eine konstruktive Gesprächsatmosphäre entstehen kann.

INFO

DU-Botschaften enthalten oft unsachliche und destruktive Kritik.
(Beispiel: Du bist faul.)

ICH-Botschaften machen konstruktive Kritik möglich und eröffnen Lösungsmöglichkeiten.
(Beispiel: Ich glaube, du könntest dich mehr engagieren.)

kritische Botschaft (DU-Botschaft)	angemessene Mitteilung (ICH-Botschaft)
Chef zum Azubi: „Du stehst da nur rum und zeigst kein Interesse."	
Azubi zum Chef: „Sie sind nie für mich da."	
Chef zum Kunden: „Sie müssen sich schnell entscheiden …"	
Kunde zum Chef: „Sie haben mir versprochen, dass die Reifen heute gewechselt werden."	

8. Nennen Sie fünf Funktionen eines Werkstattauftragformulars.

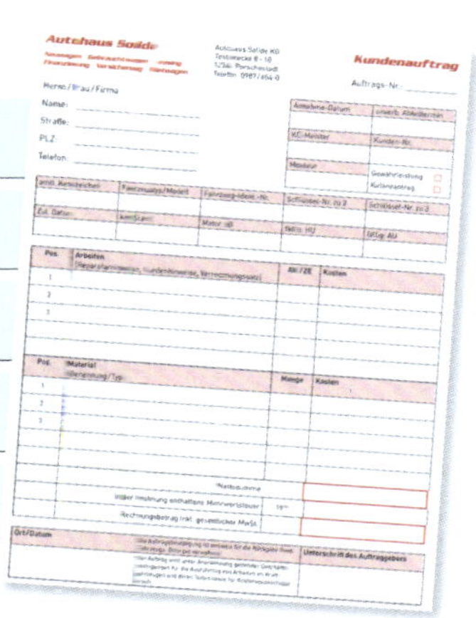

9. Das Abarbeiten eines Werkstattauftrages folgt immer einem festen Ablauf.
Bringen Sie die Ablaufschritte in die sinnvolle Reihenfolge (Setzen Sie dafür die Ziffern von 1 bis 6 in die zugehörigen Felder).

	Arbeitsplanung		Qualitätssicherung		Informationsbeschaffung
	Fahrzeugübergabe		Fahrzeugannahme		Arbeitsdurchführung

10. Auf das Einhalten von Bestimmungen, Vorschriften und Gesetzen ist bei der Arbeitsdurchführung immer zu achten. Dies sind vorrangig:

a) Technische Vorschriften,
b) Gesetzliche Vorschriften im engeren Sinne (**StVO**, **StVZO**),
c) Unfallverhütungsvorschriften (**UVV**),
d) Richtlinien zu Umweltschutz und Entsorgung.

Ordnen Sie die im Folgenden aufgeführten Aussagen den genannten Vorschriften/Gesetzen richtig zu. Tragen Sie hierfür die entsprechenden Buchstaben A bis D in die zugehörigen Felder ein.

	Selbstständiges Bedienen von Hebebühnen ist erst ab dem 18. Lebensjahr erlaubt.		Das Anzugsdrehmoment für diese Radschrauben beträgt M = 120 N · m.
	Wertteilrückführung und Abfalltrennsysteme minimieren Werkstattkosten.		Für Fern- und Abblendscheinwerfer ist nur weißes Licht zugelassen.

11. Unterscheiden Sie die Begriffe **Wartung**s-, **Inspektion**s- und **Instandsetzung**sarbeiten, indem Sie sie richtig erklären.

Wartungsarbeiten →	
Inspektionsarbeiten →	
Instandsetzungsarbeiten →	

12. Ordnen Sie den folgenden Tätigkeiten die Begriffe aus Aufgabe 12 korrekt zu.
Kürzel: **W** = Wartungsarbeiten, **Insp.** = Inspektionsarbeiten und **Inst.** = Instandsetzungsarbeiten.

Motoröl wechseln, Ölfilter ersetzen		Defekten Reifen wechseln	
Scheinwerfereinstellung prüfen		Zustand des Keilrippenriemens prüfen	
Defekte H1-Lampe austauschen		Sichtprüfung der Bremsanlage	
Service-Intervall-Anzeige zurücksetzen		Batterie prüfen	
Reifenfülldruck messen		Kraftstofffilter entwässern	
Türfeststeller schmieren		„Rubbelnde" Wischerblätter justieren	
Wischerblätter ersetzen		Ggf. Betriebsflüssigkeiten auffüllen	
Schiebedach reinigen und fetten		Verstellte Scheinwerfer regulieren	

Name: | Klasse: | Datum:

3.4 Selbstlernzeit

1. Zeitungsannonce entwerfen:

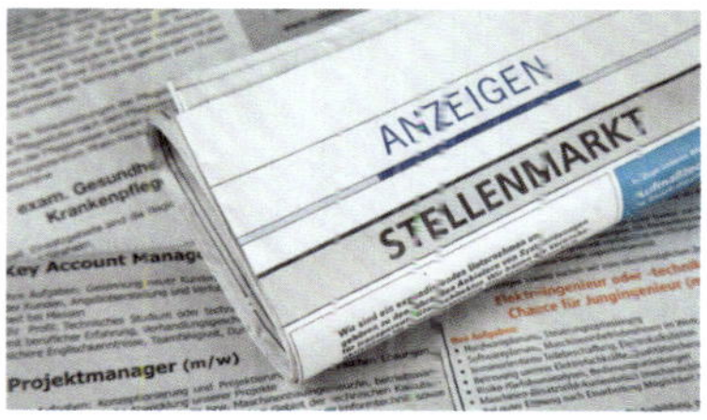

Stellen Sie sich vor, Sie sind Inhaber bzw. Inhaberin eines Autohauses und suchen geeignete Auszubildende für ihre Kfz-Werkstatt. In diesem Inserat möchten Sie zum einen Ihren Betrieb, Ihr Service-Angebot und ihre „Firmenphilosophie" vorstellen, aber auch Ihre Erwartungen an den jungen neuen Mitarbeiter bzw. die junge neue Mitarbeiterin. Formulieren und gestalten Sie zuerst die ÜBERSCHRIFT, den Titel. Dem eigentlichen Anzeigentext soll danach eine KOPFZEILE (engl. Lead) vorangestellt werden, eine kurze Zusammenfassung meist in halbfett geschrieben. Der eigentliche Text der Anzeige deckt das Anliegen ab und orientiert sich an den W-Fragen Wer? Was? Wann? Wo? Wie? Warum? Abschließend fügen Sie ein Foto oder eine Grafik zum Betrieb ein, als Ergänzung des Textes und zur Verstärkung der Aussage des Artikels (Firmengebäude, Mitarbeiter, Logo oder Anfahrt/Lage).

2. Konfliktgespräch entwickeln und Lösungen finden:

Finden Sie sich je nach Idee in angemessenen Kleingruppen zusammen und denken Sie sich einen realistischen Konflikt oder ein „Streitgespräch in der Kfz-Werkstatt" aus. Dies können sowohl innerbetriebliche Mitarbeiterdispute als auch Auseinandersetzungen zwischen Mitarbeitern bzw. Mitarbeiterinnen und Kunden bzw. Kundinnen sein. Legen Sie im Drehbuch als erstes den Gegenstand des Streites fest. Nun entscheiden sich die Teilnehmenden für Ihre Rolle und Position. Gegebenenfalls bedarf es auch der Rolle eines „Schlichters" bzw. einer „Schlichterin" oder eines Moderators bzw. einer Moderatorin, um das Problem zu einem einvernehmlichen Ende zu bringen. Jedes Rollenmitglied notiert sich dann schriftlich seine Argumente. Stimmen Sie sich am Ende über eine Lösung oder Schlichtung des Konfliktes ab.

3. Konfliktgespräch als Video-Film durchführen:

Neben den bestehenden Rollen PRO und KONTRA, sowie ggf. des MODERATORS bzw. der MODERATORIN werden für den Videodreh noch ein KAMERAMANN bzw. eine KAMERAFRAU und ein REGISSEUR bzw. eine REGISSEURIN benötigt. Der Kameramann bzw. die Kamerafrau muss sich um eine gute Kameraposition und Ausleuchtung kümmern. Der Regisseur bzw. die Regisseurin hat am „Set" die Aufgabe, die gespielte Situation möglichst authentisch und realistisch erscheinen zu lassen. Nach erfolgtem Filmdreh kann der Film für internen Gebrauch und unter Einhaltung des Datenschutzes im Klassenverband betrachtet und analysiert werden.

Name:	Klasse:	Datum:	1 von 1

3.5 Testfragen

Hinweis: Je Aufgabe ist nur eine Lösung anzukreuzen.

1. Zur Routine bei der Durchführung eines Instandhaltungsauftrages gehört **nicht**, …

a) … die Fahrzeugannahme, ☐

b) … die Fahrzeug-Istwertermittlung, ☐

c) … die Planung der voraussichtlichen Arbeitsschritte, ☐

d) … die Funktionsprüfung der Anlagen oder Teile zum Ende der Auftragsdurchführung. ☐

2. Zum positiven Erscheinungsbild junger Auszubildender im Kfz-Handwerk gehört:

a) Eine hohe kommunikative Kompetenz, um mit privaten Gesprächen zur Heiterkeit der Kunden und Kundinnen beizutragen, ☐

b) Das offene Tragen von Schmuck bei der Arbeit, ☐

c) Saubere Arbeitskleidung und eine gepflegte Erscheinung, ☐

d) Das Tragen lässiger cooler Kleidung, welche den Kunden und Kundinnen gefällt, anstelle von Arbeitskleidung. ☐

3. Welche Maßnahme fördert ein positives Erscheinungsbild des Kfz-Betriebes?

a) Das Personal bietet optisch ein einheitliches Erscheinungsbild und präsentiert sich als Team. ☐

b) Die Firmenleitung zeigt einen immer mal wechselnden Führungsstil. ☐

c) Die Firmenphilosophie und Unternehmensziele zu kennen ist allein wichtig für den Chef. ☐

d) Aus- und Weiterbildungen für das Werkstattpersonal erfolgen, wenn die Zeit es zulässt und die Fortbildungsangebote kostenlos sind. ☐

4. Wie viele Seiten bzw. Ebenen hat das Kommunikationsmodell nach *Schulz von Thun*?

a) 2 ☐

b) 3 ☐

c) 4 ☐

d) 5 ☐

5. Was umschreibt den Sachinhalt/die Sachebene bei den „Seiten einer Nachricht" nach *Schulz von Thun*?
Es umschreibt, …

a) … was der Sender bzw. die Senderin bei dem Empfänger bzw. der Empfängerin erreichen will, ☐

b) … was der Sender bzw. die Senderin von dem Empfänger bzw. der Empfängerin hält, ☐

c) … was der Sender bzw. die Senderin von sich selbst preisgibt, ☐

d) … worüber der Sender bzw. die Senderin den Empfänger bzw. die Empfängerin informiert. ☐

Name: | Klasse: | Datum:

6. Verbale Kommunikation ist, wenn …

- **a)** … man mit jemandem ein Gespräch führt. ☐
- **b)** … man jemandem mit der Faust droht. ☐
- **c)** … man einer Person gegenüber ein Lächeln schenkt. ☐
- **d)** … man sich ratlos am Kopf kratzt. ☐

7. Was versteht man bei der Instandhaltung von Kraftfahrzeugen unter dem Begriff **Wartung**?

- **a)** Prüfung auf Konformität der maßgeblichen Merkmale eines Objektes an einem Kfz durch Messung, Beobachtung oder Funktionsprüfung ☐
- **b)** Alle Maßnahmen zur Verzögerung des Abbaues des vorhandenen Abnutzungsvorrates an einem Kfz ☐
- **c)** Alle Maßnahmen, um die Funktion eines fehlerhaften Objektes an einem Kfz wiederherzustellen ☐
- **d)** Alle Maßnahmen, um an einem Fahrzeug den NEU-Zustand wiederherzustellen ☐

8. Bei der Auftragsdurchführung entscheiden diverse Faktoren über die Sicherstellung von Qualität und Kundenzufriedenheit.
Was versteht man neben der sozialen Qualität und der Arbeitsprozessqualität unter der **technischen Qualität** in der Kfz-Werkstatt?

- **a)** Durch permanente Weiterbildung wird die Qualität auf hohem Niveau gehalten. ☐
- **b)** Ein guter Umgang in der Belegschaft sorgt für gutes Betriebsklima und sichert auch die Qualität. ☐
- **c)** Durch die Verbesserung von Arbeitsstrukturen werden die Betriebsabläufe optimiert. ☐
- **d)** Der gute Zustand und die Verfügbarkeit von Ausstattung, Gerätschaften und Einrichtungen wird sichergestellt. ☐

9. Die Modellvielfalt nimmt stetig zu.
Welchen Fahrzeug-Modelltyp gibt es bis heute aber nicht?

- **a)** SUV (**S**port **U**tility **V**ehicle) ☐
- **b)** Kombi ☐
- **c)** AIO (**A**ll **I**n **O**ne) ☐
- **d)** Coupé ☐

10. Was ist kein Bestandteil des Regelkreises des Qualitätsmanagements im eigentlichen Sinne?

- **a)** Qualitätsplanung ☐
- **b)** Qualitätslenkung ☐
- **c)** Qualitätssicherung ☐
- **d)** Qualitätsreformation ☐

Vorschlag:							erreichte Punkte:	erreichte Note:
Punkte:	10	9	8/7	6/5	4/3	2/0		
Note:	1	2	3	4	5	6		

Name:	Klasse:	Datum:	2 von 2

4 Das System Kraftfahrzeug

Rückblick

4.1 Aufgaben zur Wiederholung

1. Nennen Sie die drei Hauptgruppen technischer Systeme.

2. Unterscheiden Sie die Begriffe **Baugruppe** und **Bauteil** bei technischen Systemen.

3. Unterteilen Sie das System Kraftfahrzeug in fünf Teilsysteme.

4. Unterscheiden Sie Kraft- und Arbeitsmaschinen.

Name: | Klasse: | Datum: | 1 von 1

4.2 Aufgaben zur Vertiefung

1. Stellen Sie aktuelle Entwicklungen alternativer Antriebskonzepte zum Ersetzen bisheriger Otto- und Dieselmotoren vor.

a) Setzen Sie Ihre Ideen im Layout einer Mindmap um.
b) Entwerfen Sie eine Präsentation zu **einem** aus Ihrer Sicht zukunftsfähigen Antriebskonzept. Beschreiben Sie darin neben grafischen Illustrationen auch Argumente, welche für diese Technologie sprechen.

2. Entwickeln Sie Ideen zum **Auto der Zukunft** und stellen Sie Ihre Visionen als Präsentation dar:

- Wie wird das Auto der Zukunft, vielleicht im Jahr 2040, aussehen?
- Welche Antriebsformen werden sich durchsetzen oder entwickelt werden, wenn die Erdölvorräte sinken und/oder zu teuer werden?
- Wie wird sich die Mobilität der Menschen in den kommenden 20 Jahren insgesamt gestalten und verändern?
- Welche neuen Ausstattungen und Extras wird es in Kraftfahrzeugen geben?

Name: | Klasse: | Datum: | 1 von 1

4.3 Arbeitsaufträge

1. Finden Sie zu den Begriffen **stoffumsetzende**, **energieumsetzende** und **informationsumsetzende** Systeme jeweils den Oberbegriff.
Nennen Sie je drei konkrete Maschinen oder Geräte.

Hauptfunktion	Energieumsetzung	Stoffumsetzung	Informationsumsetzung
Oberbegriff/Typ			
Beispiele			

2. Kreuzworträtsel:
Welche Begriffe verbergen sich hinter den folgenden Beschreibungen?
Tragen Sie zeilenweise die gesuchten Begriffe ein.
Welches Lösungswort ergibt sich?

a) System zum Ableiten der Verbrennungsrückstände aus dem Motor
b) Baugruppe zum Übertragen bzw. Trennen des Motordrehmomentes in Richtung Antriebsräder (zwischen Motor und Getriebe)
c) Baueinheit zur Bereitstellung der Stromversorgung im elektrischen System des Kfz
d) Baugruppe u. a. zur Aufnahme und zum Schutz der Fahrzeuginsassen bzw. Güter (Trageinheit)
e) Sicherheitssystem zum Verzögern oder Stoppen des Fahrzeuges
f) Kraftmaschine, bei welcher chemische Energie in mechanische Energie umgesetzt wird
g) System, welches die Motordrehzahl für alle Fahrzeuggeschwindigkeiten anpasst
h) Bauteil des Fahrwerkes (Zustand und Art beeinflussen die Haftung des Fahrzeuges auf der Fahrbahn)
i) Funktionselement des Kurbeltriebes

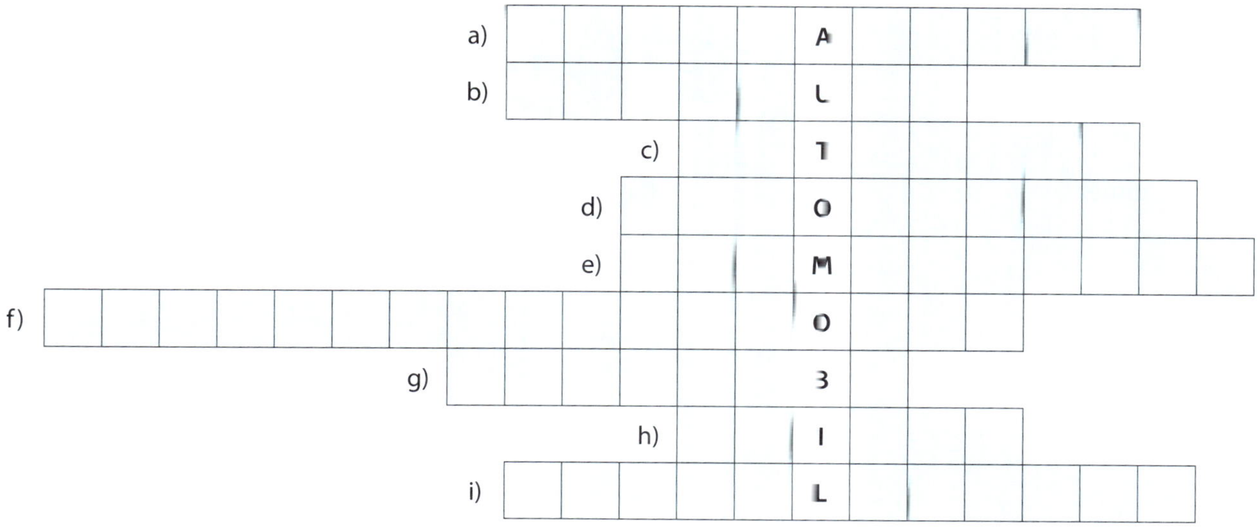

3. Das rechts abgebildete Antriebssystem ist unten als Energieumwandlungskette dargestellt.

a) Ergänzen Sie die Energieumwandlungskette, indem Sie die einzelnen Teilsysteme (Kolben, Kurbelwelle, Zylinder, Pleuelstange) in der richtigen Reihenfolge eintragen.

b) Kennzeichnen Sie die Form der zugeführten bzw. abgegebenen Energie in den Pfeilen mit den vorgegebenen Farben.

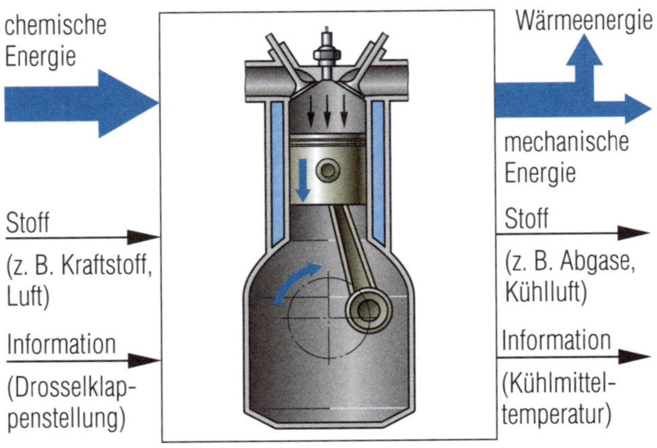

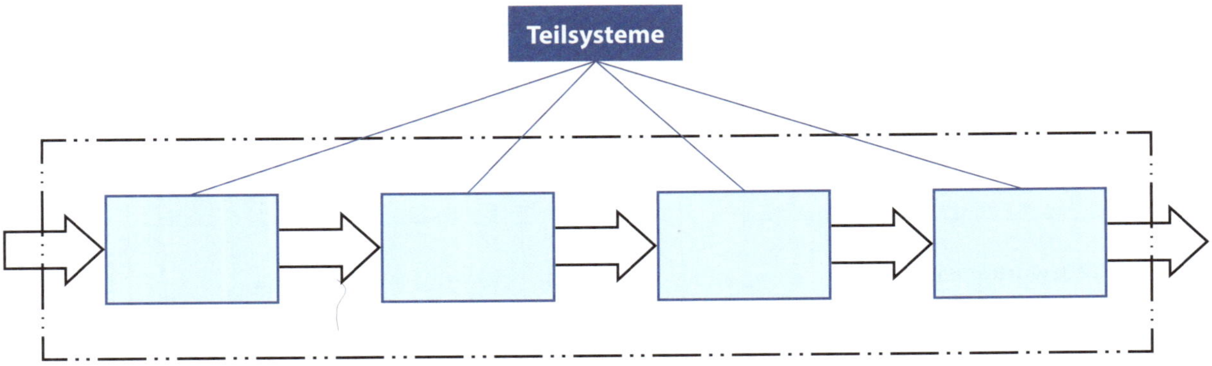

Bedeutung:

chemische Energie · Bewegungsenergie · Wärmeenergie · elektrische Energie

4. Identifizieren Sie im Bild die wichtigsten Baugruppen eines Fahrzeuges. Ordnen Sie hierfür die entsprechenden Buchstaben richtig zu.

Bremsen	
Motor	
Lenkung	
Kupplung	
Antriebswelle	

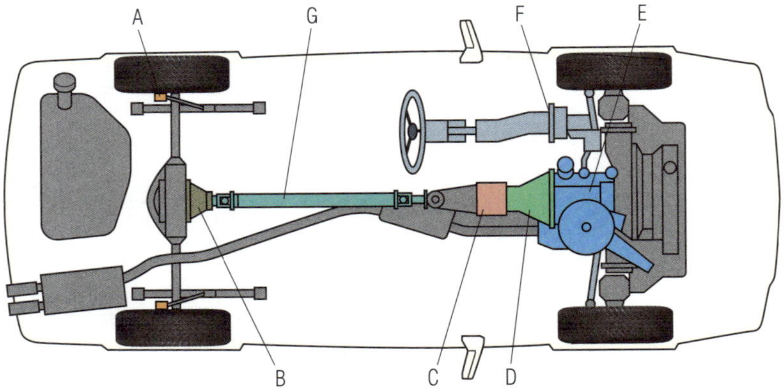

Name: Klasse: Datum: 2 von 3

5. Analysieren Sie den Kraftfluss im vorliegenden Antriebsstrang. Geben Sie die mit Buchstaben versehenen Teilsysteme an und beschreiben Sie deren Aufgaben.

Pos.	Baugruppe/Bauteil	Aufgabe
B		
C		

6. Bestimmen Sie die Komponenten eines Startersystems. Ordnen Sie hierfür die entsprechenden Buchstaben den Funktionselementen richtig zu.

Starter-Ritzel	
Zahnkranz	
Batterie	
Zünd-Start-Schalter	
Starter-Motor	

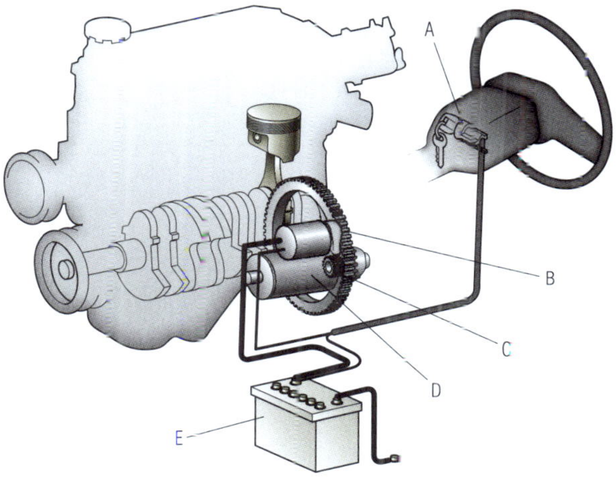

4.4 Selbstlernzeit

1. Zuordnungsaufgabe erstellen:
Entwickeln Sie für die bildliche Darstellung einer 12 V-Fahrzeugbatterie, eines Verbrennungsmotor-Kurbeltriebs oder eines Kegelrad-Ausgleichgetriebes (Differenzial) eine Zuordnungsaufgabe nach nebenstehendem Beispiel. Nutzen Sie, wenn verfügbar einen PC für diese Aufgabe.

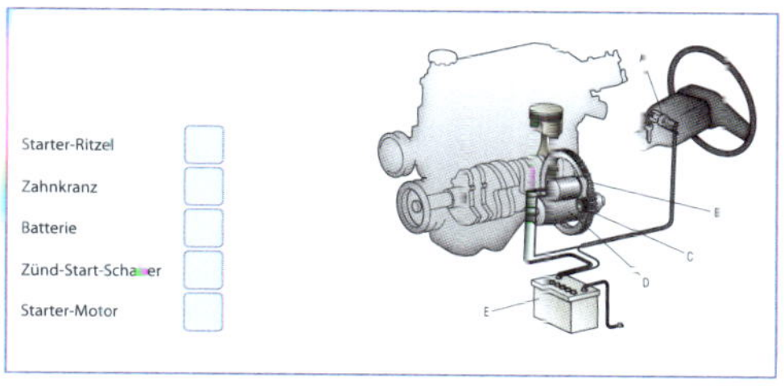

2. Digitale Lernaufgaben kennenlernen:
Informieren Sie sich in Ihrer Beruflichen Schule über verfügbare digitale Lernmedien im Bereich Kraftfahrzeugtechnik.
Analysieren Sie Aufbau und Gestaltung dieser Lernangebote.
Prüfen Sie Ihre Kenntnisse und Kompetenzen, indem Sie einfache Lernaufgaben bearbeiten.

3. Entwickeln einer digitalen und/oder interaktiven Lernaufgabe:
Erstellen Sie am Computer mithilfe einer Präsentationssoftware (z. B. Powerpoint) eine digitale oder interaktive Lernaufgabe zum Themenbereich „Das Kraftfahrzeug".
Beginnen Sie mit den beiden Lernaufgaben:
- Baugruppen des Kraftfahrzeuges,
- Bauteile des Motors.

Kreieren Sie dazu Fragen oder Arbeitsaufträge für Ihre Lernaufgabe. Vielfältige Aufgabentypen lassen sich entwickeln:
- Zuordnungsaufgabe,
- Multiple-Choice-Aufgabe,
- Quiz,

u. v. m.

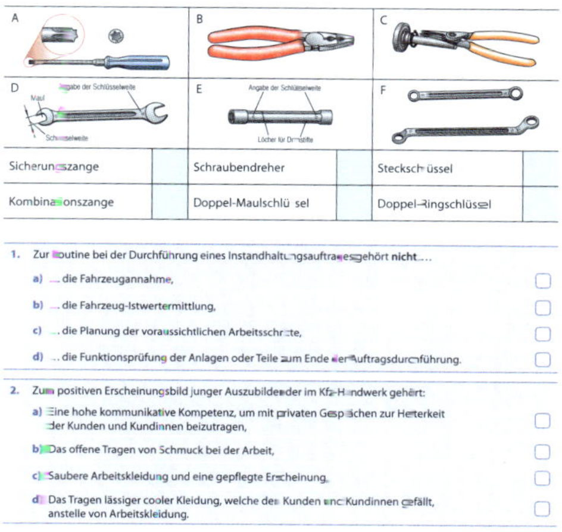

Name:	Klasse:	Datum:	1 von 1

4.5 Testfragen

Hinweis: Je Aufgabe ist nur eine Lösung anzukreuzen.

1. Der Begriff **System** lässt sich folgendermaßen beschreiben:

a) Ein System ist die Gesamtheit von Elementen, welche eine Wechselwirkung haben und eine Einheit bilden. ☐

b) Ein System besteht aus Einzelteilen verschiedener technischer Komplexe. ☐

c) Der Begriff System ist ein anderes Wort für Bauteil oder Einzelteil. ☐

d) Ein System ist ein strukturloses Schema von Komponenten ohne Zusammenspiel. ☐

2. Systeme lassen sich in Teilsystem und einzelne Einheiten unterteilen und zerlegen. Welches Teilsystem gibt es **nicht** in der Arbeitseinheit **Kurbeltrieb**?

a) Kurbelwelle ☐

b) Kolben ☐

c) Ventile ☐

d) Pleuelstange ☐

3. Bau- und Arbeitseinheiten lassen sich systemtheoretisch mit der sogenannten **BLACKBOX** nach dem **EVA-Prinzip** darstellen. Was meint das EVA-Prinzip?

a) Das EVA-Prinzip wurde nach der Entwicklerin Eva Max benannt. ☐

b) EVA steht für Eingabe-Verarbeitung-Ausgabe – dem systemtheoretischen Grundgedanken. ☐

c) EVA steht für Entwickeln-Verfahren-Arbeiten – den Systemgrenzen. ☐

d) EVA steht für energieverarbeitende Arbeitsmaschine. ☐

4. Jedes Teilsystem erfüllt eine bestimmte Grundfunktion. Welche Funktion erfüllt die Kupplung in der Antriebseinheit eines Kraftfahrzeuges?

a) Die Kupplung dient der Übersetzung/Veränderung des Drehmomentes. ☐

b) Sie dient der Übersetzung/Veränderung der Drehzahl. ☐

c) Die Kupplung dient der Umkehrung der Drehrichtung zwischen Motor und Getriebe. ☐

d) Sie schließt und trennt den Kraftfluss zwischen Motor und Getriebe. ☐

5. In welcher Antwort ist die Systemstruktur vom Gesamtsystem zu immer kleineren Teilsystemen logisch richtig dargestellt?

a) Motor ➡ Kurbeltrieb ➡ Kolben ☐

b) Kolben ➡ Kurbeltrieb ➡ Motor ☐

c) Motor ➡ Kurbeltrieb ➡ Ventiltrieb ☐

d) Kurbeltrieb ➡ Motor ➡ Kolben ☐

Name: Klasse: Datum:

6. Technische Systeme teilt man in energieumsetzende, stoffumsetzende und informationsumsetzende Systemgruppen ein.
Welche Antwort ist korrekt?

- **a)** Unter stoffumsetzenden Systemen versteht man Kraftmaschinen, z. B. hydraulische Anlagen. ☐
- **b)** Unter energieumsetzenden Systemen versteht man Arbeitsmaschinen, z. B. Kräne oder Bohrmaschinen. ☐
- **c)** Kommunikationssysteme, z. B. BUS-Systeme und Datennetze, gehören zu den informationsumsetzenden Systemen. ☐
- **d)** Kraftmaschinen setzen Energie um, dazu gehören Förderbänder, Pumpen oder Drehmaschinen. ☐

7. Zu den energieumsetzenden Maschinen gehören:

- **a)** Pumpen, ☐
- **b)** Steuergeräte, ☐
- **c)** Verdichter, ☐
- **d)** Motoren. ☐

8. Zu den stoffumsetzenden Maschinen gehören:

- **a)** Tablet-Computer, ☐
- **b)** Otto- und Dieselmotoren, ☐
- **c)** Förderanlagen für Schüttgut, ☐
- **d)** Elektromotoren. ☐

9. Bei welchem Gerät handelt es sich um **keine** informationsumsetzende Maschine?

- **a)** Navigationsgerät ☐
- **b)** Heizung ☐
- **c)** Steuergerät ☐
- **d)** Freisprechanlage ☐

10. Aus welchen der genannten Teilsysteme besteht die **Energie- bzw. Kraftübertragungseinheit** eines Kraftfahrzeuges?

- **a)** Kupplung, Getriebe, Wellen, Gelenke, Räder ☐
- **b)** Kraftstoff, Motor, Ventile, Starter/Anlasser ☐
- **c)** Einspritzanlage, Zündanlage, Motor, Batterie ☐
- **d)** Lenkung, Fahrwerk, Bremsanlage, Abgasanlage ☐

Vorschlag:							erreichte Punkte:	erreichte Note:
Punkte:	10	9	8/7	6/5	4/3	2/0		
Note:	1	2	3	4	5	6		

Name:	Klasse:	Datum:	2 von 2

5 Fahrzeugdaten

Rückblick

5.1 Aufgaben zur Wiederholung

1. Unterscheiden Sie die **Zulassungsbescheinigungen Teil 1** und **Teil 2**.

2. Geben Sie diejenigen Eintragungen in der **Certification of Conformity** (CoC) an, welche über die üblichen Eintragungen in der Zulassungsbescheinigung Teil 1 hinausgehen.

3. Nennen Sie Informationen, welche sich aus der **Fahrzeugidentifikationsnummer** (FIN) herleiten lassen.

4. Erklären Sie die Aufgaben und Zuständigkeiten des **Kraftfahrtbundesamtes** (KBA).

5.2 Aufgaben zur Vertiefung

1. Erklären Sie den Aufbau und den Inhalt einer Zulassungsbescheinigung mit Hilfe einer Präsentation.

2. Stellen Sie in übersichtlicher Form die notwendigen Schritte und Folgen dar, wenn Sie den Verlust …

- … der Zulassungsbescheinigung Teil 1,
- … der Zulassungsbescheinigung Teil 2

bemerken.

Name: | Klasse: | Datum:

5.3 Arbeitsaufträge

1. Verbinden Sie die Begriffe und Abkürzungen durch Linien mit den passenden Beschreibungen.

KBA | Zulassungsbescheinigungen | CoC | Betriebsanleitung | FIN

- Ein Heft (eine Broschüre), das zu jedem neuen Kfz mitgeliefert wird und das dem Fahrzeugbesitzer/-halter/-führer bei technischen Problemen hilft.
- Wichtige Dokumente für den Besitzer/Halter eines Kfz.
- Nummer, um ein Fahrzeug eindeutig zu identifizieren.
- Die in Deutschland für den Straßenverkehr zuständige Bundesbehörde.
- Europäische Übereinstimmungserklärung, die alle für die Zulassung erforderlichen technischen Angaben des Kfz enthält.

2. Unterscheiden und erklären Sie eine **AU**- und eine **HU**-Bescheinigung.

AU-Bescheinigung: ______________________________

____

____

____

____

HU-Bescheinigung: ______________________________

____

____

____

3. Ermitteln Sie aus den gegebenen Fahrzeug-Ident.-Nummern das Modelljahr (Herstellung) und die Herkunft der jeweiligen Fahrzeuge.

Herkunftsland (1. Stelle)		Modelljahr (10. Stelle) 0 = verschlüsselt*	
1 bzw. 4	USA	X	1990
S	Großbritannien	Y	2000
V	Frankreich	7	2007
J	Japan	8	2008
K	Korea (Süd)	9	2009
W	Deutschland	A	2010
Y	Schweden	B	2011
Z	Italien	C	2012
2	Kanada	K	2019
3	Mexico	L	2020

FIN	Modelljahr	Herkunftsland
1G1CZ19H6YW135780		
JHMEJ934075108069		
WBAUD71050P260843	2020	
YV13W985001082311	2014	
WV2ZZZ7HZ5H080666	2017	
SALLNFBE84A297292	2018	
WVWZZ13ZWX246570		
VF1C06G0M52688742	2021	

** Einige Hersteller verwenden eine „0" an 10. Stelle. Das Modelljahr ist dann über technische Informationssysteme zu entschlüsseln.*

Name: | Klasse: | Datum: | 1 von 2

4. Beschreiben Sie die Position der FIN am/im Fahrzeug!

5. Identifizieren Sie das Fahrzeug anhand der Daten aus der Zulassungsbescheinigung Teil 1.

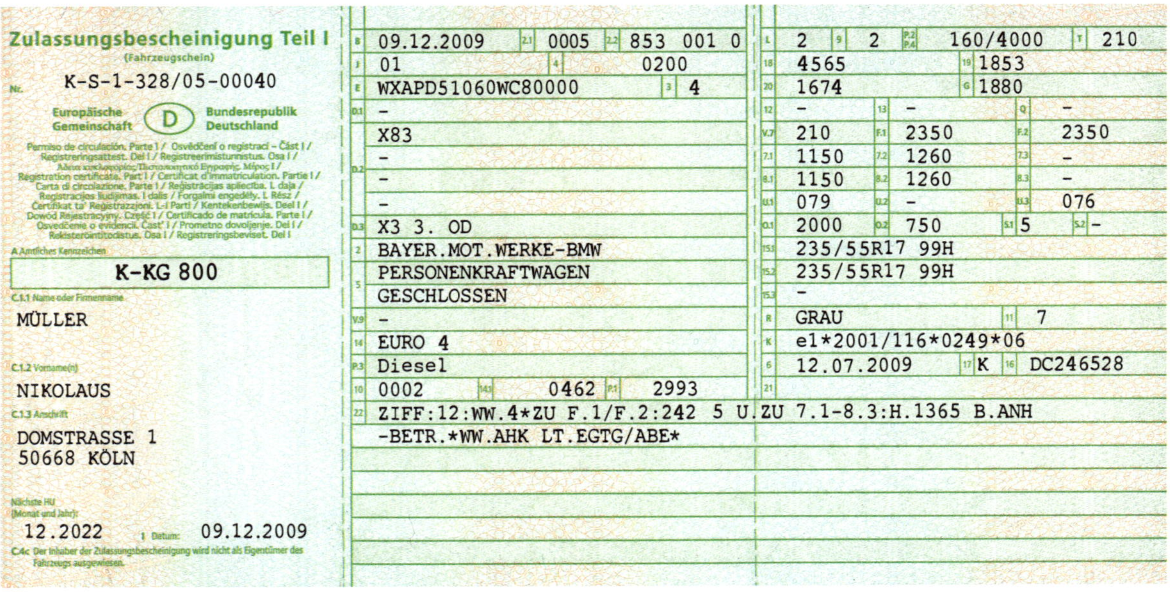
Zulassungsbescheinigung Teil I
(Fahrzeugschein)
Nr. K-S-1-328/05-00040
Europäische Gemeinschaft (D) Bundesrepublik Deutschland
Permiso de circulación. Parte I / Osvědčení o registraci – Část I / Registreringsattest. Del I / Registreerimistunnistus. Osa I / Άδεια κυκλοφορίας/Πιστοποιητικό Εγγραφής. Μέρος I / Registration certificate. Part I / Certificat d'immatriculation. Partie I / Carta di circolazione. Parte I / Reģistrācijas apliecība. I. daļa / Registracijos liudijimas. I dalis / Forgalmi engedély. I. Rész / Certifikat ta' Reġistrazzjoni. L-I Parti / Kentekenbewijs. Deel I / Dowód Rejestracyjny. Część I / Certificado de matrícula. Parte I / Osvedčenie o evidencii. Časť I / Prometno dovoljenje. Del I / Rekisteröintitodistus. Osa I / Registreringsbeviset. Del I
A Amtliches Kennzeichen: K-KG 800
C.1.1 Name oder Firmenname: MÜLLER
C.1.2 Vorname(n): NIKOLAUS
C.1.3 Anschrift: DOMSTRASSE 1, 50668 KÖLN
Nächste HU (Monat und Jahr): 12.2022
I Datum: 09.12.2009
C.4c Der Inhaber der Zulassungsbescheinigung wird nicht als Eigentümer des Fahrzeugs ausgewiesen.

B 09.12.2009 | 2.1 0005 | 2.2 853 001 0
J 01 | 4 0200
E WXAPD51060WC80000 | 3 4
D.1 –
D.2 X83 / – / – / –
D.3 X3 3. OD
2 BAYER.MOT.WERKE-BMW
5 PERSONENKRAFTWAGEN / GESCHLOSSEN
V.9 –
14 EURO 4
P.3 Diesel
10 0002 | 14.1 0462 | P.1 2993
22 ZIFF:12:WW.4*ZU F.1/F.2:242 5 U.ZU 7.1-8.3:H.1365 B.ANH -BETR.*WW.AHK LT.EGTG/ABE*

L 2 | 9 2 | P.2/P.4 160/4000 | T 210
18 4565 | 19 1853
20 1674 | G 1880
12 – | 13 – | Q –
V.7 210 | F.1 2350 | F.2 2350
7.1 1150 | 7.2 1260 | 7.3 –
8.1 1150 | 8.2 1260 | 8.3 –
U.1 079 | U.2 – | U.3 076
O.1 2000 | O.2 750 | S.1 5 | S.2 –
15.1 235/55R17 99H
15.2 235/55R17 99H
15.3 –
R GRAU | 11 7
K e1*2001/116*0249*06
6 12.07.2009 | 17 K | 16 DC246528

Fahrzeugdaten	
Fahrzeughersteller	
Fahrzeugklasse nach ECE-Regelung	
Modellreihe	
Art des Aufbaus	
Amtliches Kennzeichen	
Datum der Erstzulassung	
Hubraum in cm^3	
Nennleistung in kW	
Kraftstoffart	
Höchstgeschwindigkeit in km/h	
FIN	
Schadstoff-/Emissionsklasse	
Nächste HU im	
Fahrzeuglänge, -breite, -höhe in mm	
Antriebsart	
Vorgesehene Bereifung; zugel. bis Höchstgeschwindigkeit	

Name: | Klasse: | Datum: | 2 von 2

5.4 Selbstlernzeit

1. **Quiz entwickeln und erstellen:**
Kreieren Sie ein Quiz mit mindestens 6 Fragen zum Thema Fahrzeugdaten und Fahrzeugdokumente. Aufgabe ist es, aus den Fakten des Themenbereichs praxisrelevante Fragen auszuarbeiten, die Denk- und Lernprozesse auslösen.
Diese Quizfragen können entweder analog als Quizkarten (auf Karteikarten) erstellt werden oder in digitaler Form mit Hilfe eines PC.

Quiz

Wann wurde das erste Automobil, Motorwagen genannt, erfunden?

A) 1886 | B) 1926 | C) 1956

Tipp: Im Internet lassen sich interaktive Frage-Antwort-Spiele im Live-Modus entwickeln und spielen. Meinungen lassen sich abfragen und/oder auch Bewertungen durchführen.

Um die Quizfragen möglichst vielfältig zu gestalten, eignen sich Variationen in Form von:
- Auswahlantworten (Single-Choice, Multiple-Choice),
- Mehrfachantworten,
- Offenen Fragen/Frei-Text-Fragen,
- Schätzfragen,
- Skalen-Fragen.

Schätzfrage

Wie viele Kfz sind derzeit in Deutschland zugelassen?

- ☐ 434.000
- ☐ 4.434.000
- ☐ 43 Mio.

Schätzfrage

Das bundesdeutsche Straßennetz umfasst etwa …

- ☐ … 25.000 km
- ☐ … 235.000 km
- ☐ … 2,4 Mio. km

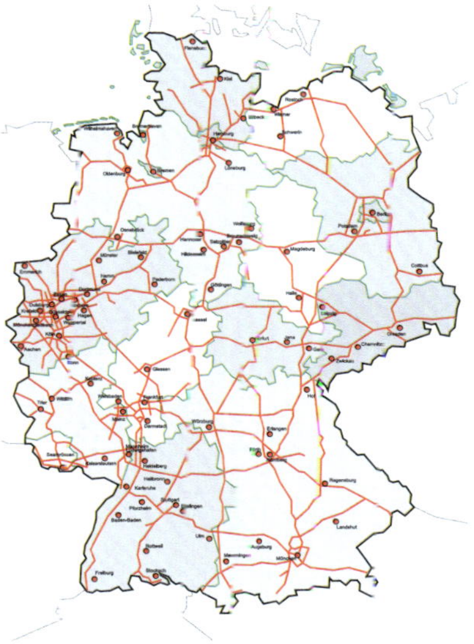

5.5 Testfragen

Hinweis: Je Aufgabe ist nur eine Lösung anzukreuzen.

1. Den früheren **Fahrzeugschein** nennt man seit dem Jahr 2005 …

- **a)** Certification of Conformity (CoC) ☐
- **b)** Fahrzeugbrief ☐
- **c)** Zulassungsbescheinigung Teil 1 ☐
- **d)** Zulassungsbescheinigung Teil 2 ☐

2. Welche Angabe befindet sich **nicht** in einer Zulassungsbescheinigung Teil 1?

- **a)** Familienname ☐
- **b)** Vorname ☐
- **c)** Geburtstag ☐
- **d)** Anschrift ☐
- **e)** Fahrzeugkennzeichen ☐

3. Was bedeutet das Kürzel **KBA**?

- **a)** Kraftfahrzeug-Betriebs-Agentur ☐
- **b)** Kontroll-Behörde-Automobil ☐
- **c)** Kontroll-Betriebs-Ausschuss ☐
- **d)** Kraftfahrt-Bundesamt ☐

4. In den Fahrzeugpapieren ist die sogenannte **FIN** sehr wichtig. Wofür steht diese Abkürzung?

- **a)** Fahrzeugidentifikationsnummer ☐
- **b)** Fahrzeug International Norm ☐
- **c)** Fahrzeuginkassonahme ☐
- **d)** Fahrzeugidentifikation notariell ☐

5. Welche Aufgabe erfüllt die **Certification of Conformity (CoC)** neben den beiden Zulassungsbescheinigungen?

- **a)** Sie beinhaltet alle für die Zulassung erforderlichen technischen Angaben des Fahrzeuges. ☐
- **b)** Sie wird nur ausgestellt, wenn Sonderanbauten (Tuningbedarfe) verbaut wurden. ☐
- **c)** Die CoC gibt es bei manchen Fahrzeugherstellern und erklärt die weltweit geltende Zulassung des Fahrzeuges, übersetzt in die englische Sprache. ☐
- **d)** Sie ist eine Art Datenschutzerklärung für den Käufer des Fahrzeuges. ☐

Name:	Klasse:	Datum:	1 von 2

6. An Position 1 des 17-stelligen FIN-Schlüssels steht der Hersteller-Code. Welcher Code steht für das Fahrzeug-Herstellerland **Deutschland**?

a) S ☐

b) W ☐

c) J ☐

d) Z ☐

7. Welche Aussage über die Fahrzeug-Zulassungsbescheinigung Teil 2 trifft zu?

a) Sie enthält keine Daten des/der Fahrzeughalters/-in mehr. ☐

b) Sie gilt als Eigentumsurkunde. ☐

c) Sie ersetzt den früheren (ehemaligen) Fahrzeugschein. ☐

d) Dort sind lediglich noch zwei Halter/-inneneinträge möglich. ☐

8. Was ist der sogenannte „KBA-Schlüssel"?

a) Ein spezieller Werkzeugschlüssel für Kraftfahrzeuge ☐

b) Ein digitaler Schlüssel zum funkgesteuerten Öffnen der Türen und des Kofferraumes ☐

c) Ein mehrstelliger Zahlencode in der Zulassungsbescheinigung (HSN + TSN) ☐

d) Der 17-stellige Fahrzeugcode aus Buchstaben und Zahlen im Motor- oder Fahrgastraum ☐

9. In den Fahrzeugpapieren (-dokumenten) eines Kraftfahrzeuges erfolgt die Leistungsangabe in der Maßeinheit bzw. den Maßeinheiten:

a) Kilowatt und Pferdestärke, ☐

b) Watt, ☐

c) Kilokalorien und Kilojoule, ☐

d) Newton. ☐

10. Die Angabe 235/55R17 99H in den Fahrzeugpapieren (-dokumenten) gibt Informationen zu:

a) Leistung und Drehzahl, ☐

b) Rad-/Reifenzulassungen, ☐

c) Fahrzeug-Außenmaßen und Geräuschentwicklung des Fahrzeuges, ☐

d) Leergewicht und zulässigem Gesamtgewicht. ☐

Vorschlag:							erreichte Punkte:	erreichte Note:
Punkte:	10	9	8/7	6/5	4/3	2/0		
Note:	1	2	3	4	5	6		

Name: Klasse: Datum: 2 von 2

6 Fahrzeuge und Systeme nach Vorgaben warten und inspizieren

Rückblick

6.1 Aufgaben zur Wiederholung

1. Unterscheiden Sie die Maßnahmen **WARTUNG** und **INSPEKTION**.
2. Beschreiben Sie den Aufbau und die Zusammensetzung von Schmierfetten.
3. Stellen Sie den Zusammenhang zwischen den Druckeinheiten **PASCAL** und **BAR** dar.
4. Erklären Sie die Reifenkurzzeichenangabe **TWI**.
5. Schildern Sie die Kontrollen bei einer Sichtprüfung an Reifen.
6. Listen Sie die durchzuführenden Messungen bei einer Inspektion an Reifen auf.
7. Nennen Sie die gesetzliche Mindestprofiltiefe von Reifen an Kraftfahrzeugen.
8. Erläutern Sie die Bestimmung des Reifenalters an Kundenfahrzeugen.
9. Nennen Sie mögliche Beschädigungen an Fahrzeugreifen.
10. Beschreiben Sie den sägezahnförmigen Verschleiß an Profilen der Reifenlauffläche, und nennen Sie Ursachen sowie die werkstattübliche Prüfmethode.
11. Erklären Sie den grundsätzlichen Aufbau und die Zusammensetzung von Motorölen im Kraftfahrzeug.
12. Verdeutlichen Sie den Einfluss der Viskosität auf das Verhalten von Motorölen.
13. Beschreiben Sie die Phänomene **ÖLVERDÜNNUNG** und **ÖLVERDICKUNG** bei gebrauchtem Motoröl.
14. Viskositäten teilt man bei Motorölen u. a. in SAE-Klassen ein. Deuten Sie die Abkürzung **SAE**.
15. Unterscheiden Sie Einbereichs- und Mehrbereichsmotoröle.
16. Nennen Sie zwei Prüfaufgaben bei einem Service am Kühlsystem.
17. Beschreiben Sie die Zusammensetzung des Kühlmittels im Kfz.
18. Unterscheiden Sie die beiden Kühlerfrostschutzmittel-Typen (Farbe und Zusammensetzung).
19. Nennen Sie die wichtigsten Anforderungen an Bremsflüssigkeiten.
20. Bremsflüssigkeiten auf Glykolbasis sind **hygroskopisch**. Erklären Sie dieses Verhalten der Betriebsflüssigkeit.
21. Formulieren Sie zwei Kriterien, welche einen Bremsflüssigkeitswechsel nötig machen.
22. Unterscheiden Sie **Trocken**- und **Nasssiedepunkt** bei Bremsflüssigkeiten.
23. Ermitteln Sie den Nasssiedepunkt der gebräuchlichen Bremsflüssigkeitsnorm **DOT 4**.
24. Erläutern Sie die Bestandteile von handelsüblichen Scheibenfrostschutzmitteln.
25. Beleuchten Sie die Gefahren, welche von Frostschutzmitteln ausgehen.
26. Nennen Sie die drei wesentlichen Aufgaben, welche eine Bremsanlage zu erfüllen hat. Diskutieren Sie jeweils die Vorteile von Trommel- und Scheibenbremsanlagen.
27. Nennen Sie Fälle, welche neben einem Bremsbelagwechsel auch einen Bremsscheibenwechsel begründen.
28. Sie führen einen Service am Unterboden eines Fahrzeuges durch. Listen Sie typische Mängel an einer Abgasanlage auf.

Name: | Klasse: | Datum: | 1 von 1

6.2 Aufgaben zur Vertiefung

1. Das Kühlsystem eines Pkw fasst 7,5 Liter Flüssigkeit und ist komplett neu zu befüllen. Wie viel Liter Frostschutzmittel und Wasser müssen in dieses Fahrzeug eingefüllt werden, damit gemäß der Mischungstabelle (siehe rechts) eine Frostsicherheit von – 27 °C gewährleistet ist?

GLYSANTIN-Teile	Wasser-Teile	frostsicher bis:
1	2	– 20 °C
1	1,5	– 27 °C
1	1	– 40 °C

2. In einem Frostschutzmittelkanister befindet sich noch ein Rest von 1,5 Liter puren Konzentrates. Wie viel Liter Frostschutzgemisch kann man durch Zumischen von Wasser erzeugen, wenn ein Frostschutz bis – 20 °C sichergestellt sein soll?

3. Ein Kraftfahrzeug ist laut Herstellerangaben mit **DOT 5.0** befüllt. Sie haben in Ihrer Werkstatt aber nur **DOT 4** und **DOT 5.1** bevorratet. Wie verhalten Sie sich beim Auffüllen bzw. Wechseln der Bremsflüssigkeit?

4. Ein Pkw mit einer Masse von 1600 kg wird aus einer Geschwindigkeit von 144 km/h innerhalb einer Zeit von 8 s bis zum Stillstand abgebremst. Dabei wird die gesamte Bewegungsenergie in Wärmeenergie umgewandelt.
Berechnen Sie mit Hilfe des Tabellen- oder Formelbuches:

- **a)** die Bremsverzögerung in m/s^2,
- **b)** die Bremskraft des Fahrzeuges in N,
- **c)** den Bremsweg in m,
- **d)** die Bremsenergie (Wärmeenergie) in kJ.

Hinweis:

$1\,\frac{m}{s} = 3{,}6\,\frac{km}{h}$ $1\,\frac{km}{h} = 0{,}2778\,\frac{m}{s}$

5. Angenommen, die Bremsscheiben der Vorderachse aus Aufgabe 4 übernehmen 70 % der Bremsleistung. Welche Temperaturerhöhung in Kelvin ergibt sich für jede vordere Bremsscheibe, wenn die Masse einer Bremsscheibe 5 kg beträgt und die spez. Wärmekapazität für Gusseisen $0{,}46\,\frac{kJ}{(kg \cdot K)}$ beträgt?

6. Beschreiben Sie Ihr Vorgehen zum Ermitteln des passenden Motoröles, wenn im Werkstattauftrag hierzu keine spezifischen Angaben zu finden sind.

7. Erläutern Sie den viskositätsabhängigen Einsatzbereich von Motorölen anhand des Vergleiches der beiden Mehrbereichsöle **5W-30** und **15W-40**.

8. Sie sind in der Kfz-Werkstatt mit dem jahreszeitbedingten Räderwechsel betraut. Der Reifen eines Fahrzeuges weist eine Restprofiltiefe von 1,8 mm auf.
Diskutieren Sie Maßnahmen, welche Sie ergreifen.

9. Nach saisonbedingter Einlagerung soll der Radsatz gewechselt werden. Einer der vier Reifen weist einen Minderdruck von 0,4 bar auf. Schätzen Sie die Folgen ab, die eine achtlose Montage ohne Fülldruckkontrolle hat.

10. Kunden/-innen stehen immer wieder vor der Frage: „Stahlräder oder Leichtmetallräder?" – Stellen Sie Vor- und Nachteile beider Typen in einer Tabelle gegenüber.

Name: | Klasse: | Datum: | 1 von 1

6.3 Arbeitsaufträge

1. Je nach Betriebsstunden, Betriebsbedingungen und Verbleib des Öles im Motor können die unten genannten Phänomene eintreten.
Beschreiben Sie die Merkmale und nennen Sie Umstände, unter denen diese Phänomene begünstigt auftreten.

Phänomen	Merkmal und begünstigende Umstände
Ölverdünnung	
Ölverdickung	
Ölverschlammung	
Alterung	

2. Nach welchen drei Spezifikationen wird das Motoröl hier angegeben?
Notieren Sie die vollständigen Bezeichnungen.

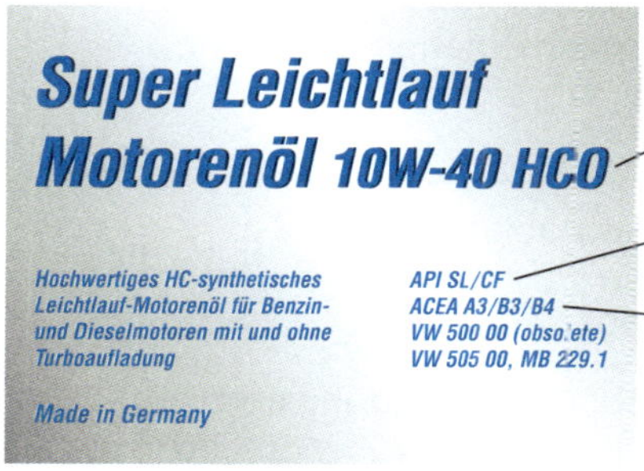

3. Alle Kugeln werden im Kugelfallviskosimeter zur gleichen Zeit bei –5 °C fallen gelassen und sinken unterschiedlich schnell.

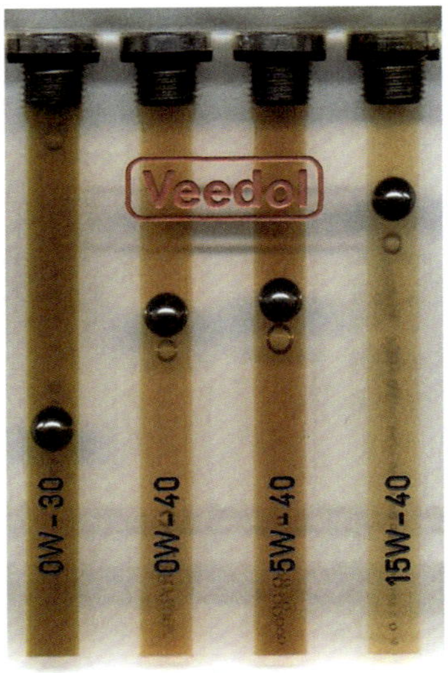

a) Erklären Sie die unterschiedliche Sinkgeschwindigkeit?

b) Analysieren Sie die Bezeichnungen im Hinblick auf die unterschiedlichen Fallgeschwindigkeiten?

4. **a)** Welches Motoröl hat eine geringere Viskosität beim Kaltstart? Kreuzen Sie an.

☐ SAE 0W-30 ☐ SAE 5W-40

b) Welches Motoröl ist im betriebswarmen Zustand dickflüssiger, hat also eine höhere Tragfähigkeit, sodass der Ölfilm nicht so schnell abreißt? Kreuzen Sie an.

☐ SAE 5W-40 ☐ SAE 10W-30

5. Bestimmen Sie die beiden Mehrbereichsöle, die entsprechend Abbildung rechts die Viskositätsnormen für den ganzjährigen Einsatz bei Außenlufttemperaturen zwischen –25 °C und +42 °C erfüllen?

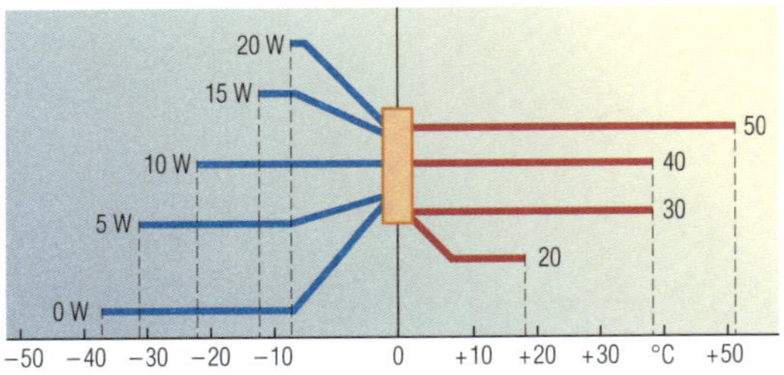

6. Legen Sie die richtige Reihenfolge der Arbeitsschritte eines Motorölwechsels fest.

Nr.	Arbeitsschritte
	Lösen der Ölablassschraube; Auffangbehälter bereithalten.
	Befüllen des Motors mit frischem Motoröl entsprechender Sorte und Menge. Ölpeilstab einsetzen und Verschlussdeckel aufschrauben.
	Lösen und Entfernen des Ölfilters; ggf. Gummidichtung am Motor entfernen.
	Motorstart, Kontrolle der Instrumentenanzeigen. Dokumentation der Arbeit.
	Vorsichtiges Anheben des Kfz.
	Auffangbehälter unter die Ablassöffnung stellen, Altöl ablassen.
	Unterbodenverkleidung entfernen (Schutzbrille tragen).
	Einsetzen des neuen Ölfilters, Anbringen der Unterbodenverkleidung und Ablassen des Kfz.
	Öleinfüllstutzen öffnen oder Ölpeilstab herausziehen.
	Ölablassschraube mit neuer Dichtung nach Herstellervorgabe montieren.

7. Das Diagramm zeigt eine Mischungskurve für Kühlflüssigkeiten.

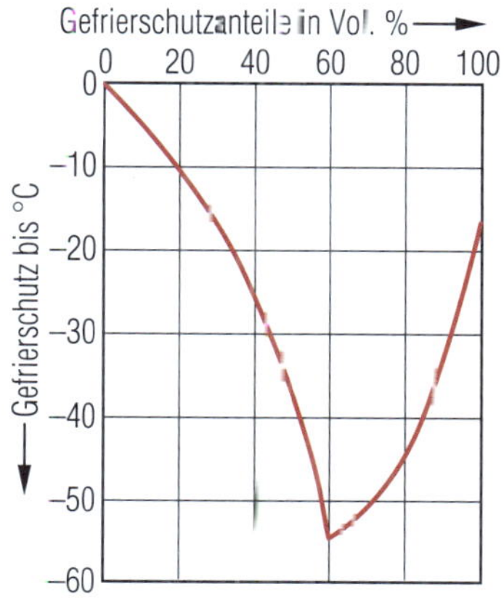

a) Welches Mischungsverhältnis „Gefrierschutzmittel zu Wasser" muss für maximalen Gefrierschutz gewählt werden?

b) Welche Gefriersicherheit in °C erreicht man bei einem Mischungsverhältnis von 1 : 1?

c) Bis zu welcher Temperatur wäre Gefrierschutz gegeben, wenn man das Gefrierschutzmittel pur verwenden würde?

d) Das Kühlflüssigkeitssystem eines Kfz fasst 5 Liter. Es soll eine Frostsicherheit von −25 °C erzielt werden. Welches Mischungsverhältnis „Gefrierschutz zu Wasser" in Liter muss gewählt werden?

e) Sie haben Kühlflüssigkeit von insgesamt 8 Litern im Verhältnis 2 : 1 (Gefrierschutzmittel zu Wasser) gemischt. Wie viel Liter Gefrierschutzmittel und Wasser ergeben sich jeweils?

8. Bestimmen Sie die Trocken- und Nasssiedepunkte der 3 Bremsflüssigkeiten anhand der Grafik.

Anforderung	DOT 3	DOT 4	DOT 5.1
Trocken-siedepunkt			
Nass-siedepunkt			
Kennfarbe			

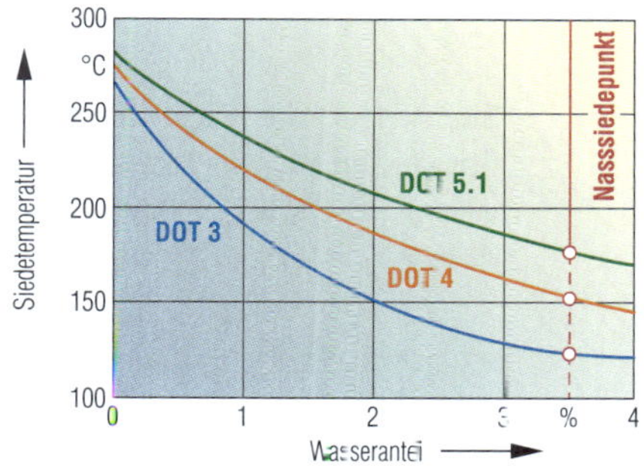

9. Ermitteln Sie aus dem rechts abgebildeten Auszug der Zulassungsbescheinigung die angegebenen Daten der Reifenkennung und entschlüsseln Sie diese.

Geschwindigkeits-Index:

Querschnittsverhältnis:

Tragfähigkeit (Load Index):

Felgendurchmesser:

Reifennennbreite:

Reifenbauart:

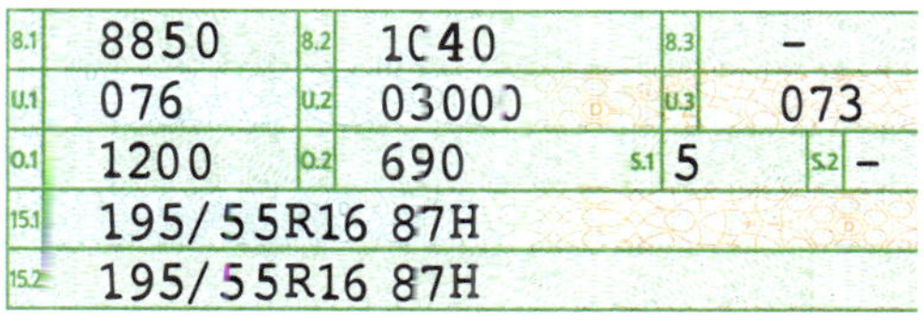

8.1	8850	8.2	1040	8.3	–		
U.1	076	U.2	03000	U.3	073		
0.1	1200	0.2	690	S.1	5	S.2	–
15.1	195/55R16 87H						
15.2	195/55R16 87H						

Name: | Klasse: | Datum:

10. Sie vergleichen die Angaben der Fahrzeugdokumente mit den Werten auf dem Winterreifen.
Beschreiben Sie die Auffälligkeit und Ihr weiteres Vorgehen?

11. Über die sogenannte DOT-Nummer lässt sich das Reifenalter bestimmen.

a) Markieren Sie diese wichtige Schlüsselnummer am Reifen in der Abbildung oben farbig.
b) Wann wurde der Reifen hergestellt und wie alt ist er?

Herstellung: Alter in Monaten:

12. Erläutern Sie die Messung der Profiltiefe. Beschreiben Sie den Messpunkt bzw. die Messstellen.

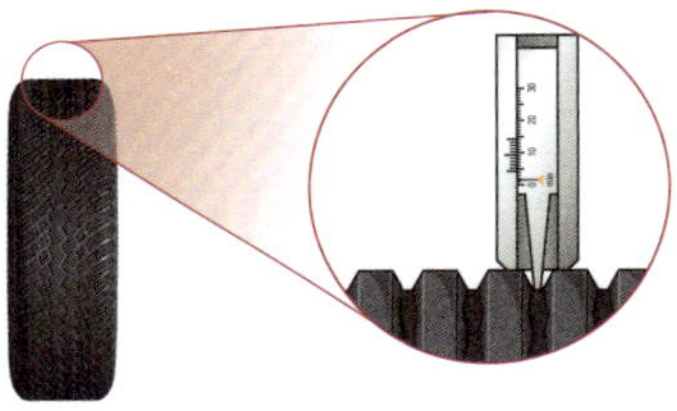

13. Sie messen die folgenden Werte für die Profiltiefe aller vier Reifen an einem Kraftfahrzeug.
Beurteilen Sie das Messergebnis.

vorne	links: 1,9 mm	rechts: 1,5 mm
hinten	links: 2,3 mm	rechts: 2,2 mm

Name: Klasse: Datum:

14. Nennen Sie mögliche Gründe für die unterschiedlichen Profiltiefen …

a) … zwischen den Reifen der Vorder- und Hinterachse:

b) … zwischen den Reifen vorne links und vorne rechts:

15. **a)** Nennen Sie den Soll-Reifenfülldruck der Reifen in Stufenheck-Modellausführung gemäß Vorgabe siehe Abbildung rechts.

vorn:	leer	
	voll beladen	
hinten:	leer	
	voll beladen	

b) Kreuzen Sie die richtige Antwort an:
Der Fülldruck sollte gemessen werden, wenn die Reifen …

☐ kalt sind. ☐ betriebswarm sind.

16. Nennen Sie drei Quellen, mit deren Hilfe man den Reifenfülldruck-Sollwert eines Reifens ermitteln kann.

17. Beschreiben Sie die Folgen eines zu geringen Reifenfülldruckes?

18. **a)** Nennen Sie fünf Prüfbereiche (Baugruppen), welche unter dem Fahrzeug kontrolliert werden müssen. Tragen Sie diese in die linke Spalte der Tabelle ein.

b) Welche Sicht- und Funktionsprüfungen werden am Unterboden durchgeführt? Ergänzen Sie die rechte Spalte in der Tabelle.

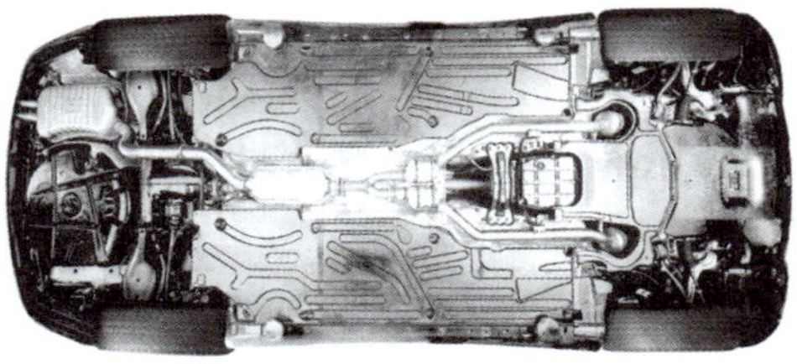

Baugruppe	Bereiche	Prüfung
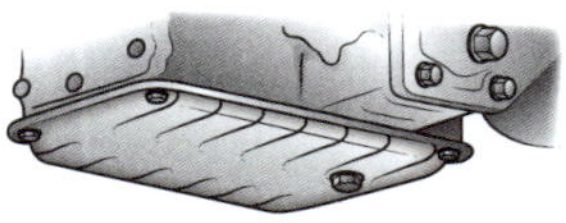	Dichtungen/Lager	
	Ölwanne	
	Keilriemen	
	Gelenkwellen	
	Manschetten	
	Gelenke	
	Bremsleitungen	
	Bremsscheiben/-beläge	
	Achsgelenke	
	Schraubverbindungen	
	Lenkgetriebe	
	Spurstangen	
	Rohre und Schalldämpfer	
	Aufhängung	

19. Identifizieren Sie in der Abbildung die wichtigsten Baugruppen einer hydraulischen Bremsanlage. Tragen Sie hierfür die entsprechenden Buchstaben richtig in die Felder ein.

Trommelbremse	
Scheibenbremse	
Bremsleitung	
Hauptbremszylinder	
Ausgleichbehälter	
Bremskraftverstärker	

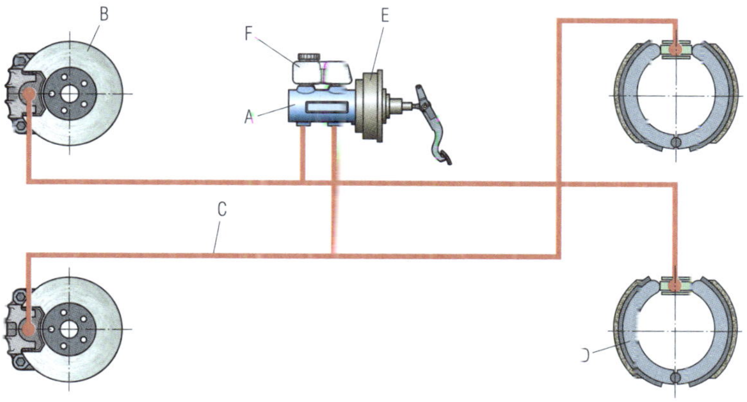

20. Ordnen Sie die Bezeichnungen zur Bremsanlage siehe linke Seite den Beschreibungen auf der rechten Seite richtig zu. Schreiben Sie hierfür die Buchstaben in die leeren Kästchen.

A	Hydraulik
B	Kinetische Energie
C	Lüftspiel
D	Verschleißgrenze
E	Bremsscheiben
F	Bremsbeläge
G	Hauptbremszylinder
H	Bremskraftregler

	Verhindert ein vorzeitiges Blockieren der Hinterräder beim Bremsvorgang.
	Müssen gewechselt werden, wenn ihre Stärke/Dicke bis auf 2 mm abgenutzt ist.
	Müssen gewechselt werden, wenn der zulässige Seitenschlag von ca. 0,1 mm überschritten wird.
	Entspricht der Arbeit, die aufgewendet werden muss, um ein Fahrzeug aus der momentanen Geschwindigkeit zum Stillstand abzubremsen.
	Wenn Flüssigkeit benutzt wird, um Kräfte und Bewegungen zu übertragen.
	Mindestdicke der durch Reibung abgeschliffener Bremsbeläge und -scheiben.
	Abstand zwischen Bremsbelag und Bremsscheibe bei gelöster Bremse.
	Wandelt die (unterdruckverstärkte) Pedalkraft in einen hydraulischen Druck um.

21. Welche Temperatur kann eine Bremsscheibe bei sehr starker Beanspruchung der Betriebsbremse, z. B. bei Vollbremsung auf einer Gefällestrecke mit Anhängerbetrieb, erreichen? Kreuzen Sie die richtige Antwort an.

etwa 200 – 300 °C	
ca. 500 – 700 °C	
ungefähr 1300 °C	

Name: Klasse: Datum:

22. Beschreiben Sie vier häufig auftretende Mängel an der Bremsanlage, welche Sie durch eine fachgerechte Sichtprüfung aufzuspüren versuchen.

23. Erklären Sie die hier am System Radaufhängung/Bremse dargestellten Prüf- und Montagearbeiten?

Arbeitsschritte			
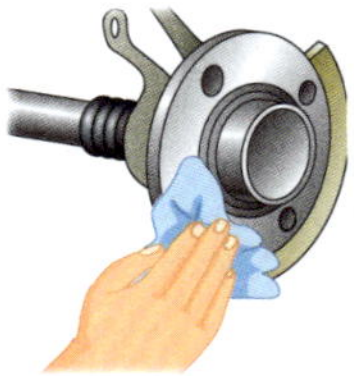		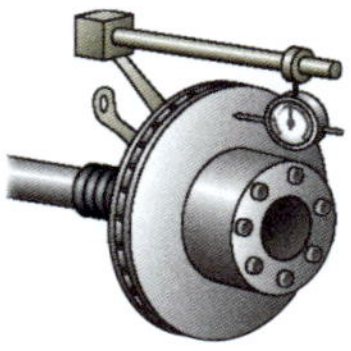	
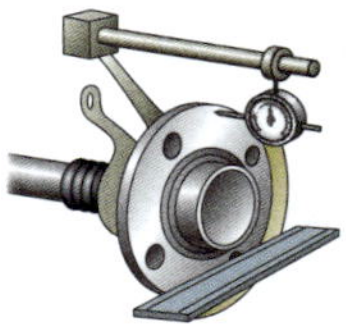			
		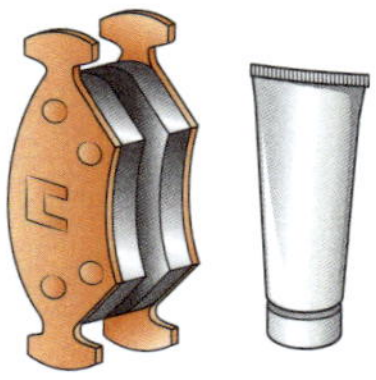	
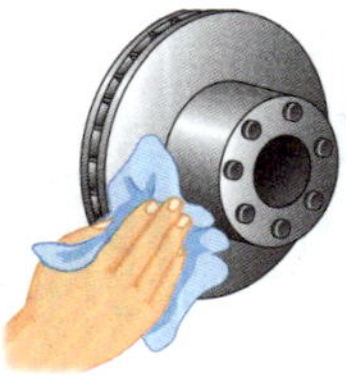		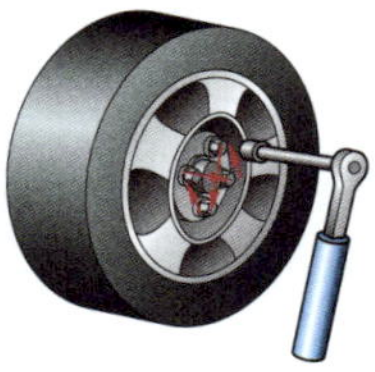	

24. Aus welchen Bauteilen besteht ein einfacher Stromkreis?
Benennen Sie hierfür die Bauteile in der Abbildung korrekt.

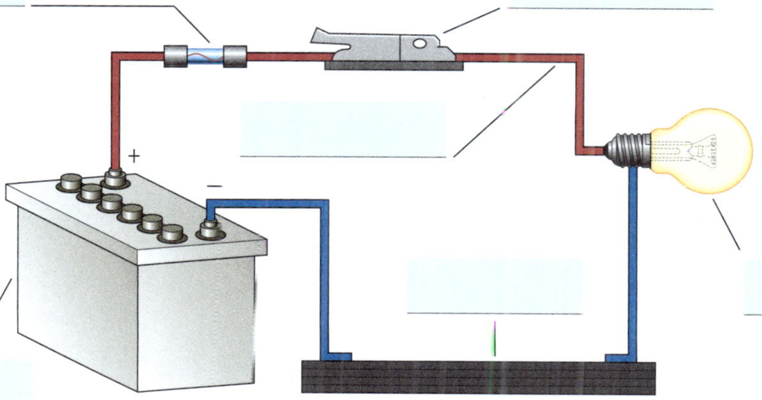

25. Nennen Sie vier Ursachen, welche zu technischen Mängeln der elektrischen Anlage im Kraftfahrzeug führen können.

26. Sie prüfen den Zustand einer 12-V-Kfz-Starterbatterie und messen dabei folgende Werte:

$1{,}18\ \frac{g}{cm^3}$ | 12,7 V | $1{,}28\ \frac{g}{cm^3}$ | 12,1 V | $1{,}10\ \frac{g}{cm^3}$ | 11,7 V

Ordnen Sie die Spannungen und Säuredichten dem jeweiligen Ladezustand der Starterbatterie zu.

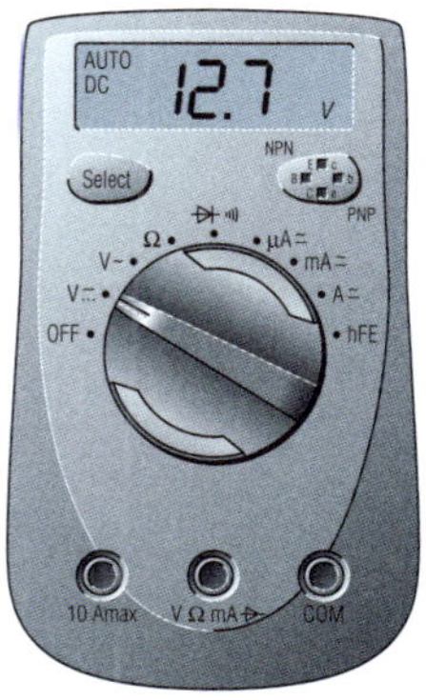

Spannung	Ladezustand	Säuredichte
	100 %	
	40 %	
	0 %	

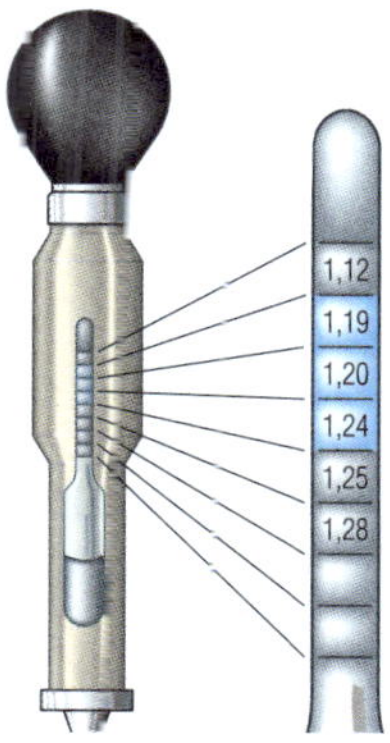

27. Ermitteln Sie die technischen Daten der abgebildeten Starterbatterie.

Kenngröße	Kennwert laut Typenschild
ETN	
DIN-Typnummer	
Nennspannung	
Nennkapazität	
Kälteprüfstrom	

28. Welche Aufgaben übernehmen Sicherungen in einem Stromkreis?

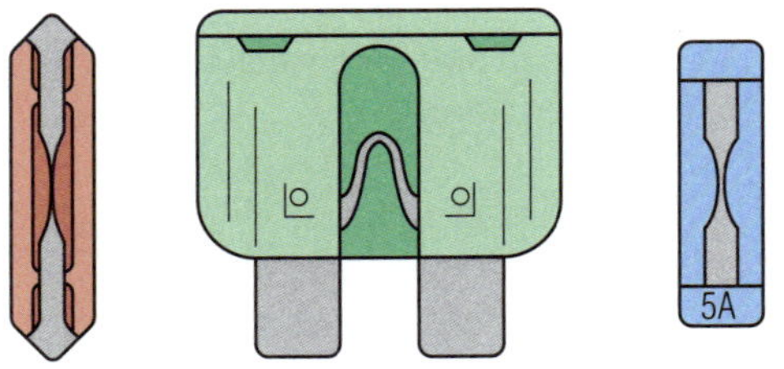

Keramik-sicherung Flachsteck-sicherung Geräte-sicherung

b) Skizzieren Sie das Symbol (Schaltzeichen) einer Schmelzsicherung.

c) Welche Kennfarbe haben die unterschiedlichen Flachsicherungen?

Nennstromstärke in A	Kennfarbe
5 A	
10 A	
15 A	
20 A	
25 A	
30 A	

Name: Klasse: Datum:

6.4 Selbstlernzeit

1. **Handlungen und Arbeitsabläufe beschreiben:**
Entwickeln Sie eine Anleitung bzw. einen Arbeitsablaufplan zur **Funktionsprüfung** oder zur **Wartung einer Scheibenreinigungsanlage.**

Anhand dieses Arbeitsplans sollen nichtfachkundige Personen in der Lage sein, die beschriebenen Arbeitsschritte in einer sinnvollen Reihenfolge durchzuführen. Geben Sie neben den durchzuführenden Arbeitsschritten auch die für diese Arbeit benötigten Betriebs- bzw. Hilfsmittel an und nennen Sie die erforderlichen Werkzeuge oder Maschinen.
Beachten Sie, falls nötig, die Angabe von Einstellwerten (Sollwerten) und weisen Sie auf einzuhaltende Schutzmaßnahmen hin.

2. **Anleitung in englischer Sprache schreiben:**
Entwickeln Sie eine Anleitung bzw. einen Arbeitsablaufplan zum **Prüfen des Kühlsystems** in englischer Sprache.
Anhand dieses Arbeitsplanes sollen Personen mit englischer Muttersprache in der Lage sein, die beschriebenen Arbeitsschritte in einer sinnvollen Reihenfolge durchzuführen. Geben Sie neben den durchzuführenden Arbeitsschritten auch die für diese Arbeit benötigten Betriebs- bzw. Hilfsmittel an und nennen Sie die erforderlichen Werkzeuge oder Maschinen.
Beachten Sie, falls nötig, die Angabe von Einstellwerten (Sollwerten) und weisen Sie auf einzuhaltende Schutzmaßnahmen hin.

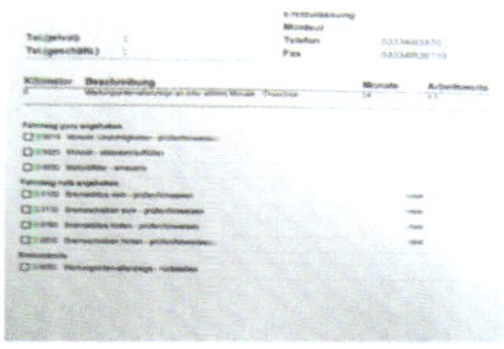
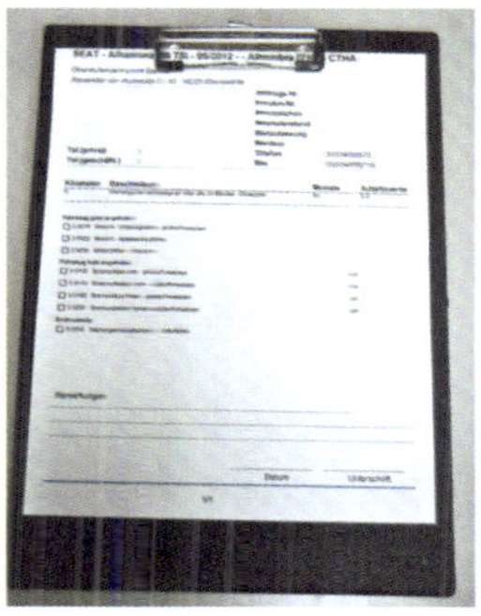

3. **Bilderserie erstellen:**
Gestalten Sie eine Folge von Bildern oder selbst erstellten Fotos mit Bildunterschriften zum **Motorölwechsel an einem Kraftfahrzeug.**
Anhand dieser Bilderfolge sollen Berufsanfänger und Berufsanfängerinnen in der Lage sein, die beschriebenen Arbeiten in einer sinnvollen Reihenfolge durchzuführen.
Zeigen Sie die wesentlichen Arbeitsschritte in typischen Szenen.
Beachten Sie, falls nötig, die Angabe von Betriebsmitteln und Grenzwerten und weisen Sie auf einzuhaltende Umweltschutzmaßnahmen hin.

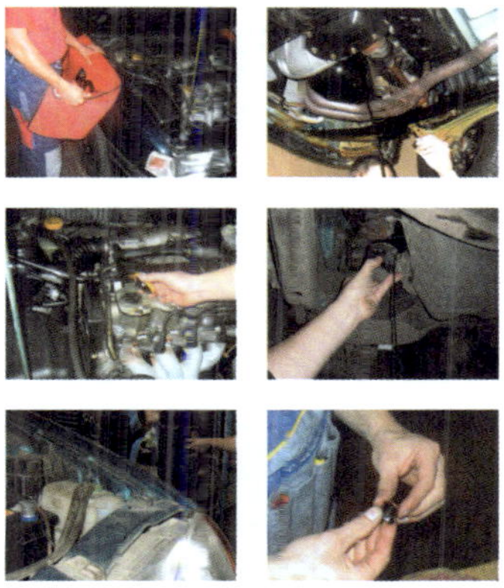

4. **Video anfertigen:**
Fertigen Sie ein Lehrvideo zum **Bremsflüssigkeitswechsel** an.
Dieser vertonte Kurzfilm soll Berufseinsteigern und Berufseinsteigerinnen zeigen, welche Arbeitsschritte in welcher Reihenfolge unter Beachtung aller Arbeitsregeln durchzuführen sind.
Zeigen Sie die wesentlichen Arbeitsabläufe in typischen Kurzszenen.
Beachten Sie die Angabe von Arbeits- und Schutzregeln.
Integrieren Sie Hinweise zum Umweltschutz.

6.5 Testfragen

Hinweis: Je Aufgabe ist nur eine Lösung anzukreuzen.

1. Welche Aussage bezüglich Fahrzeugwaschanlagen ist gemäß Betriebsanweisung falsch?

a) Krankheitserreger (Keime) können über die Atemluft in die Lungen gelangen. ☐

b) Die Aufnahme von Krankheitserregern über die Haut ist bei Schnittverletzungen möglich. ☐

c) Vom warmen Brauchwasser der Waschanlage geht grundsätzlich kein gesundheitliches Risiko aus. ☐

d) Von Abgasen und Reinigungsmitteln gehen potenziell Gesundheitsgefahren aus. ☐

2. Was bedeutet die Kennzeichnung **S A E**?

a) **S**icherheits**a**uflage **E**uronorm ☐

b) **S**ociety of **A**utomotive **E**ngineers ☐

c) **S**aving **A**utomotive **E**ngines ☐

d) **S**ecurity for **A**utomotive **E**ngines ☐

3. Wofür steht **API**?

a) Amerikanisches Verbraucherschutzministerium ☐

b) **A**ction by **P**etroleum **I**ntensity ☐

c) The **A**merican **P**etroleum **I**nstitute ☐

d) Europäische Vereinigung der Automobilhersteller ☐

4. Wofür steht die Abkürzung ACEA?

a) **A**ttendez des **C**ollision **E**uropeens d´**A**utomobils ☐

b) **A**lternativer **C**lub **E**uropäischer **A**utohersteller ☐

c) **a**bsolute **c**ool **e**ngine **a**head ☐

d) **A**ssociation des **C**onstructeurs **E**uropeens d´**A**utomobiles ☐

5. Welche der folgenden Aussagen ist grundsätzlich kein Grund für einen Motor-Ölwechsel?

a) Ansammlung kleiner schwimmender Partikel im Öl ☐

b) Ölschlammbildung ☐

c) Verbrauchte Additive ☐

d) Ölstand am Peilstab kurz vor „Min" ☐

e) Anreicherung von unverbranntem Kraftstoff und Säuren im Öl ☐

Name: | Klasse: | Datum:

6. Wie ist mit Altöl umzugehen?

a) Es darf gemäß Abfallentsorgungsgesetz nur über die Kanalisation entsorgt werden. ☐

b) Nur in unterirdische Gewässer leiten. ☐

c) In speziellen Behältern (Altölsammelanlage) sammeln und abholen lassen. ☐

d) Im Kanister sammeln und über die Mülltonne entsorgen. ☐

7. Welche Aussage über das Kühlflüssigkeitssystem entspricht der Wahrheit?

a) Alle Frostschutz-Zusätze können verwendet sowie untereinander gemischt werden. ☐

b) Der Flüssigkeitsstand im Vorratsbehälter fällt bei heißem Motor leicht ab. ☐

c) Die Kontrolle des Flüssigkeitsstandes erfolgt bei laufendem Motor. ☐

d) Skandinavische Fahrzeuge sollten einen höheren Frostschutzanteil im Kühlwasser haben als Autos aus Portugal. ☐

8. Welche Aussage über Bremsflüssigkeiten ist wahr?

a) Die Typbezeichnung DOT (z. B. DOT 4) steht für **D**eutsche **O**rganisation für **T**echnik. ☐

b) Kritische Nasssiedetemperaturen liegen unterhalb von 100 °C bzw. 5 % Wasseranteil. ☐

c) Hierzulande hat sich die bläuliche Bremsflüssigkeit auf Silikonbasis durchgesetzt. ☐

d) Bei den Typbezeichnungen (DOT 3, DOT 4, DOT 5.1) gilt die Regel: Je höher die Kennzahl, desto höherwertiger die Bremsflüssigkeit. ☐

9. In welcher Maßeinheit sind die Felgenmaße angegeben (4 ½ x 13)?

a) Beide Maße in „mm". ☐

b) Das erste Maß in „mm" und das zweite in Zoll. ☐

c) Beide Maße in Zoll. ☐

d) Das erste Maß in Zoll und das zweite in „mm". ☐

10. Welchen Vorteil bietet ein Reifen mit der Bezeichnung 195/50 R 15 H gegenüber einem mit der Bezeichnung 175/70 R 13 V?

a) Höhere zulässige Fahrzeuggeschwindigkeit ☐

b) Mehr Sicherheit gegen Aquaplaning ☐

c) Einbau von größeren Bremsscheiben möglich ☐

d) Bessere Dämpfungseigenschaften bei Fahrbahnstößen ☐

Vorschlag:							erreichte Punkte:	erreichte Note:
Punkte:	10	9	8/7	6/5	4/3	2/0		
Note:	1	2	3	4	5	6		

Name: | Klasse: | Datum: | 2 von 2

7 Austauschen einfacher Baugruppen und Systeme durch Demontieren und Montieren

Rückblick

7.1 Aufgaben zur Wiederholung

1. Unterscheiden Sie **kraftschlüssige** und **formschlüssige Verbindungen**.
2. Beschreiben Sie die Vorteile **lösbarer Verbindungen** beim Fügen von Bauteilen.
3. Stellen Sie die Unterschiede von **Regel**- und **Feingewinden** dar.
4. Erläutern Sie den Begriff **Steigung** eines Schraubengewindes.
5. Nennen Sie vier Arten von Muttern.
6. Eine Sechskantschraube nach DIN EN ISO 4014:2011-06 trägt die Bezeichnung **M10 x 60 – 10.9**. Erläutern Sie die damit festgelegten Angaben.
7. Erklären Sie die Notwendigkeit von Schraubensicherungen an Bauteilen eines Kfz.
8. **Kunststoff-Clips** sind häufige Verbindungssteckelemente im Kraftfahrzeug. Nennen Sie zwei Einsatzgebiete im Kfz und formulieren Sie typische Probleme mit Clips bei Instandsetzungsarbeiten.
9. Unterscheiden Sie Klebstoffarten zum Herstellen einer Metallverbindung.
10. Beschreiben Sie Grundsätze oder Regeln zum Herstellen einer fachmännisch ausgeführten Klebeverbindung.
11. Unterscheiden Sie **Gleit**- und **Wälzlager**.
12. Deuten Sie die Zahlen auf beiden Seiten eines Schraubenschlüssels.
13. Begründen Sie die unterschiedlichen Längen der Schraubenschlüssel eines Schraubenschlüsselsatzes.
14. Verdeutlichen Sie die Unzulässigkeit, einen Schraubenschlüssel durch Aufstecken eines Rohres zu verlängern.
15. Erklären Sie den Begriff **Schlüsselweite** bei Schraubenwerkzeugen. Skizzieren Sie ggf. zusätzlich den Sachverhalt.
16. Nennen Sie vier gebräuchliche Klingenspitzen an Schraubendrehern.
17. Nennen Sie zwei gängige Fügetechniken zum Verbinden von Gummischläuchen an Vorratsbehältern und Pumpen.

Name: | Klasse: | Datum: | 1 von 1

7.2 Aufgaben zur Vertiefung

1. Beschreiben Sie an konkreten Beispielen, wie Bauteile an Kraftfahrzeugen demontiert und montiert werden.
Nennen Sie hierfür auch die Fügeverfahren und erläutern Sie die entsprechenden Verbindungsarten, welche Ihnen von Instandhaltungsarbeiten aus Ihrem betrieblichen Alltag geläufig sind. Verdeutlichen Sie den Sachverhalt anhand bildlicher Darstellungen.

2. Entscheidung: lösbar oder unlösbar.
Stellen Sie lösbare und unlösbare Verbindungen an Kraftfahrzeugen in Form einer Tabelle gegenüber. Begründen Sie jeweils, warum diese Verbindungsart gewählt wurde.

3. Warum werden in der Kfz-Technik Schrauben bzw. Muttern unterschiedlicher Festigkeitsklassen eingesetzt? Betrachten Sie hierfür exemplarisch Schraubenverbindungen im Bereich **Fahrwerksaufhängung** und **Zylinderkopf**.

4. Analysieren Sie die genormten Schraubenkennzeichnungen.
Vergleichen Sie auch die Angaben zu metrischen und Whitworth-Rohrgewinden.

5. Erläutern Sie, unter welchen Bedingungen eine **Selbsthemmung** bei Schraubenverbindungen gegeben ist.

6. Warum müssen immer mehr Schraubenverbindungen im Kraftfahrzeug mit einem vom Hersteller definierten Drehmoment angezogen werden?
Beantworten Sie diese Frage für ein konkretes (Schulungs-)Fahrzeug.
Listen Sie einige Schraubenverbindungen auf und geben Sie das jeweilige Anzugsdrehmoment an.

7. Die an einem Kraftfahrzeug befindlichen Räder sind demontiert worden.
Begründen Sie das vor der Montage durchzuführende Reinigen der Radnabe.

8. Beschreiben Sie in Stichpunkten alle Arbeitsschritte bei der Montage von Rädern.
Gehen Sie insbesondere auf die Reihenfolge beim Befestigen der Radschrauben bzw. Radmuttern und die verwendeten Werkzeuge ein.

9. Nennen Sie notwendige Maßnahmen, wenn Sie beim Ansetzen von Radschrauben feststellen, dass sich diese nur sehr schwer von Hand in die ersten Gewindeumdrehungen der Radnabe drehen lassen.

10. Sie stellen beim Umrüsten fest, dass die Winterreifen auf Stahlfelgen und die Sommerreifen auf Leichtmetallfelgen montiert sind.
Diskutieren Sie die Folgen dieser Beobachtung.

11. Auf eingelagerten Rädern wurde die ehemals am Fahrzeug verbaute Position mit Kreide vermerkt (VR, HR, VL, HL). Untersuchen Sie die Gründe und benennen Sie die Konsequenzen für die Montage.

Name: | Klasse: | Datum: | 1 von 1

7.3 Arbeitsaufträge

1. Ergänzen Sie das folgende Organigramm.

Fügen

Lösbare Verbindungen | Unlösbare Verbindungen

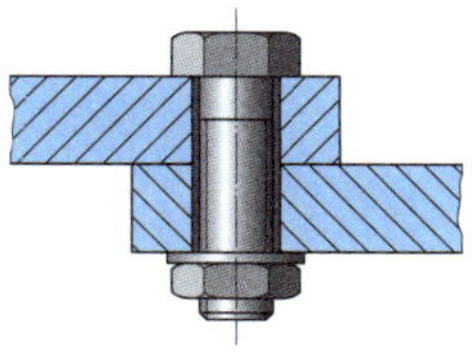

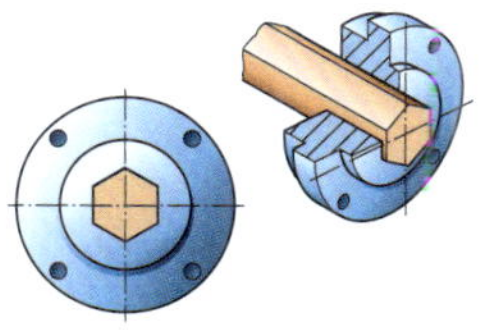

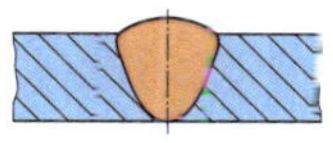

Beispiele:

Beispiele:

Beispiele:

2. Verdeutlichen Sie den Begriff **Steigung** am Gewinde.

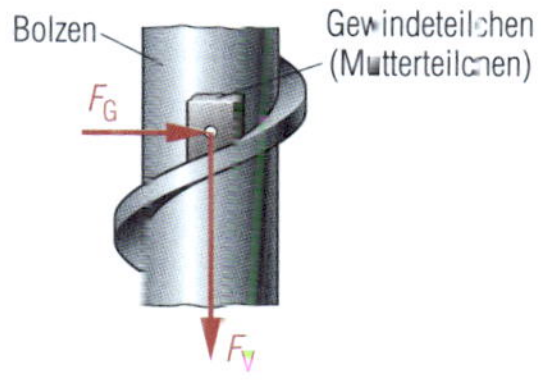

3. Deuten Sie korrekt die mit Ziffern gekennzeichneten Kenngrößen an einer Schraube.

1	
2	
3	
4	
5	
6	
7	
8	
9	
10	

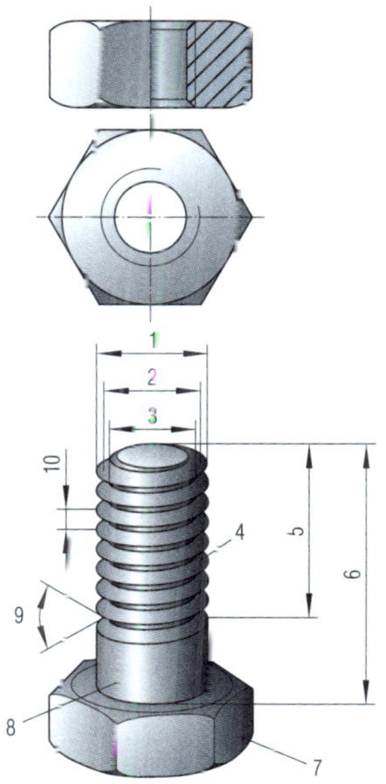

4. Bestimmen Sie die Zugfestigkeit R_m und die Streckgrenze R_e einer Schraube mit der Festigkeitsklasse **10.9**.

5. Ermitteln Sie die Belastbarkeit der abgebildeten Schraube **M10**, Festigkeitsklasse **10.9** mit Hilfe eines Tabellenbuches. Berechnen Sie dazu die Masse, die mit dieser Schraube gehoben werden könnte, ohne sich bleibend zu verformen.

6. In Kraftfahrzeugen werden unterschiedliche Schraubenköpfe verwendet.
Benennen Sie die abgebildeten Schraubenköpfe und geben Sie Vorteile Ihres Einsatzes an.

	Bezeichnung	Anwendung/Besonderheit
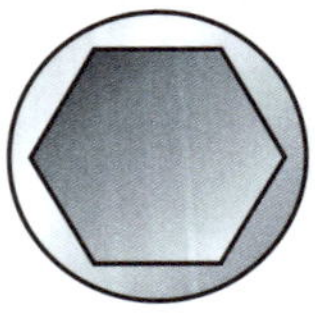		
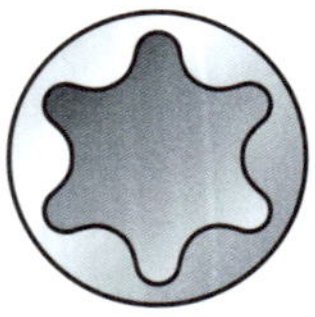		
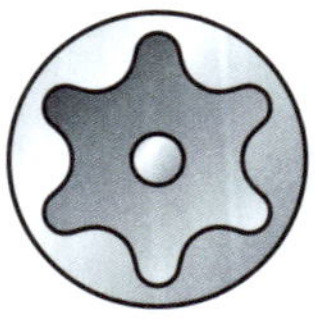		

7. Schraubenverbindungen wirken durch ihre Reibungskraft zwischen den zu verbindenden Bauteilen (Klemmkraft). Nennen Sie zwei Faktoren, welche die Größe der Reibungskraft einer Schraubenverbindung bestimmen.

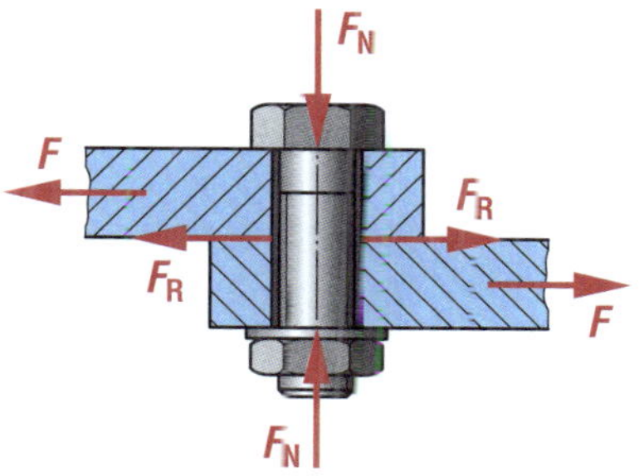

8. Schraubenverbindungen müssen immer mit dem vorgeschriebenen Drehmoment angezogen werden.

a) Beschreiben Sie die Folgen eines zu geringen Drehmomentes.

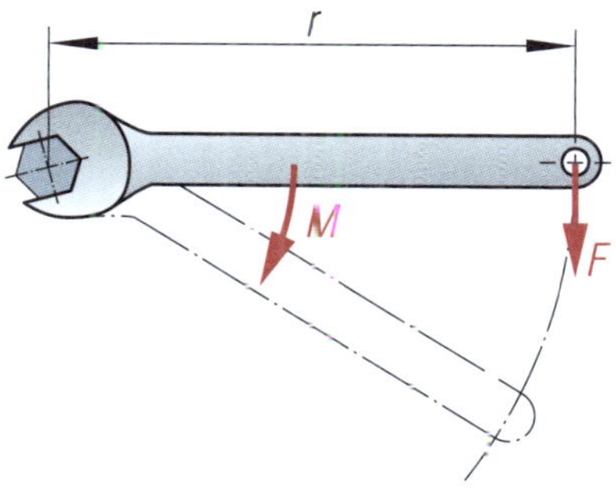

b) Berechnen Sie die notwendige Handkraft F, welche aufgebracht werden muss, um das vorgeschriebene Drehmoment von M = 120 N·m zu erzeugen. Gegeben: r = 450 mm;

9. Unterscheiden Sie formschlüssige von kraftschlüssigen Schraubensicherungen.

Formschlüssige Schraubensicherungen:	**Kraftschlüssige Schraubensicherungen:**

10. Dargestellt sind verschiedene Sicherungen für Schraubenverbindungen.
Ergänzen Sie die Tabelle. Entscheiden Sie bei der Wirkungsweise jeweils, ob sie **formschlüssig** oder **kraftschlüssig** ist.

Schraubensicherungen	Bezeichnung	Wirkungsweise
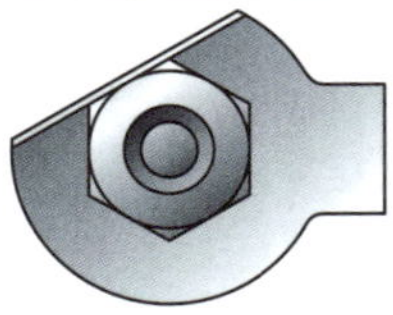		

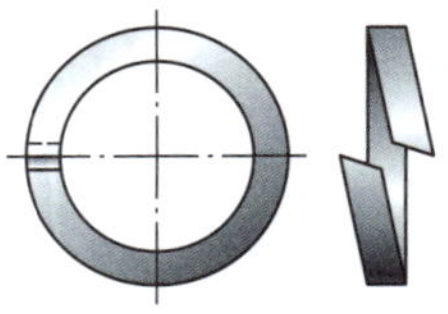		

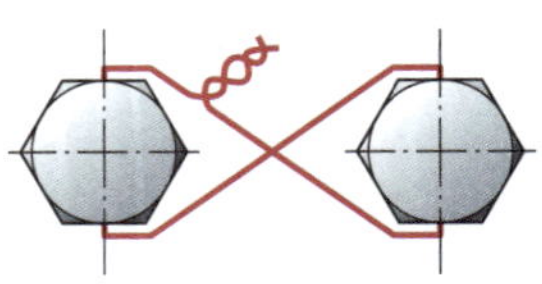		
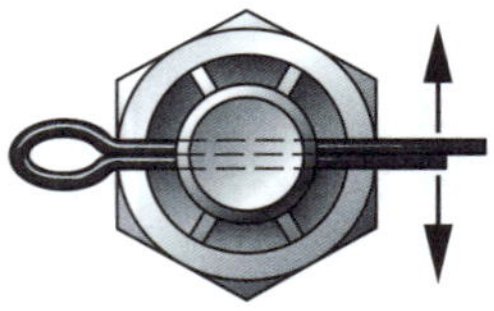		

11. **a)** Benennen Sie die in der Abbildung dargestellte Verbindung und beschreiben Sie die Einsatzgebiete im Kraftfahrzeug.

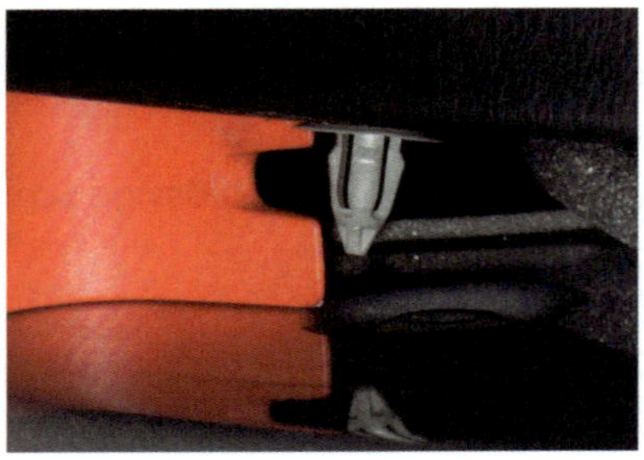

b) Erklären Sie die Arbeitsregeln, die hier im Besonderen gelten.

12. Klebeverbindungen gehören zu den wichtigen Fügeverfahren im Kfz.
Ordnen Sie die Begriffe rechts den Erklärungen links korrekt zu, indem Sie Pfeile einzeichnen.

Bindekraft innerhalb des Klebers	stoffschlüssig
Bindekraft zwischen Werkstück und Kleber	Kohäsion
Der Kleber lässt sich nicht entfernen, ohne die Verbindung zu zerstören.	Adhäsion
Kleber und Werkstoff verbinden sich fest und dauerhaft miteinander.	unlösbar

13. Benennen Sie 6 Arbeitsschritte beim Herstellen einer Klebeverbindung in der richtigen Reihenfolge.

Schritt 1 →	
Schritt 2 →	
Schritt 3 →	
Schritt 4 →	
Schritt 5 →	
Schritt 6 →	

14. Unterscheiden Sie die beiden Lagerarten **Gleitlager** und **Wälzlager** bezüglich ihrer Beanspruchung durch Reibung sowie ihren Schmierungsbedarf.

Gleitlager

Reibungsart:

Schmierung:

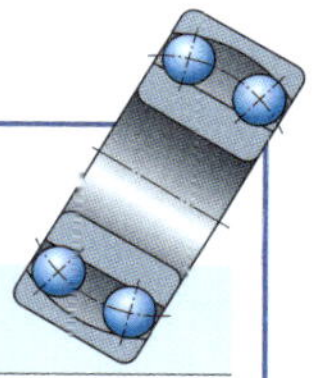

Wälzlager

Reibungsart:

Schmierung:

7.4 Selbstlernzeit

1. **Lernkarten entwickeln:**
Erstellen Sie für das Kapitel 7 eigene LERNKARTEN (z. B. DIN A6 … DIN A8, Kartonpapier, liniert). Formulieren Sie auf der Vorderseite Kernfragen oder Arbeitsaufträge aus dem Kapitel.

Beispiel:
- Wie definiert man …?
- Welche … gibt es?
- Wie unterscheidet man …?
- Was versteht man unter …?

Notieren Sie auf den Rückseiten der Karten jeweils die richtigen Antworten.
Überlegen Sie sich Spielformen für ein **Frage-Antwort-Spiel** und sprechen Sie sich dazu in der Gruppe ab.
Spielen Sie anschließend im Partner- oder Teamwettbewerb das **Frage-Antwort-Spiel**.

2. **Diagramm erstellen:**
Ein Kraftfahrzeug besteht aus einer Vielzahl von Bauteilen unterschiedlicher Werkstoffe. Stellen Sie 6 Werkstoffe, welche in einem Automobil verbaut sind, bezüglich ihrer Masse- und Festigkeitswerte in einem Diagramm vergleichend dar.

Beispiel:
- Kurvendiagramm
- Säulendiagramm
- Kreisdiagramm

etc.

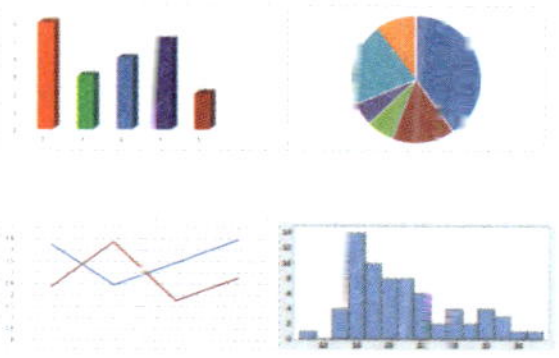

Wählen Sie eine geeignete Diagrammart, um die Informationen und Zusammenhänge bestmöglich darzustellen.

3. **Arbeitspläne schreiben:**
Verfassen Sie eine Anleitung zum „Ersetzen der Wischerblätter – vorn". Formulieren Sie diese Anleitung so, dass unkundige Personen in der Lage sind, die Tätigkeiten Schritt für Schritt auszuführen.

Arbeitsplanung			Datum: …………
Auftrag-Nr.: …………		Benennung/Art der Arbeit: …………	Mitarbeiter/-in: …………
Arbeitsschritt		Betriebsmittel, Maschinen, Werkzeuge, Hilfsmittel	Bemerkungen, Prüfmittel, Einstellwerte, Schutzmaßnahmen
Nr.	Benennung/Tätigkeit		
1			
2			
.	.	.	.
.	.	.	.
.	.	.	.

4. Planen Sie die Herstellung eines Anschauungsmodells zum Verdeutlichen und Gegenüberstellen verschiedener Schraubensicherungen. Das handgroße Modell soll im Fachunterricht der Berufsschule zur Veranschaulichung genutzt werden können.

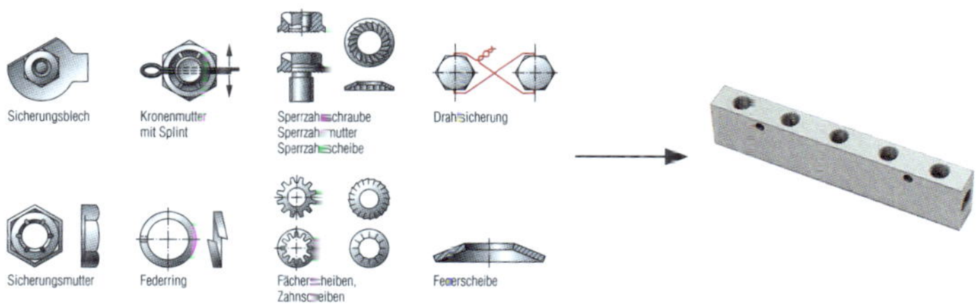

Stellen Sie anschließend, wenn möglich, das Modell unter Anleitung eines Fachlehrers bzw. einer Fachlehrerin her.

7.5 Testfragen

Hinweis: Je Aufgabe ist nur eine Lösung anzukreuzen.

1. Bei welcher der folgenden genannten Verbindungsarten handelt es sich um eine **lösbare Verbindung**?

- **a)** Bolzenverbindung ☐
- **b)** Nietverbindung ☐
- **c)** Lötverbindung ☐
- **d)** Klebeverbindung ☐

2. Welche der folgenden Verbindungen wirkt formschlüssig?

- **a)** Schraubenverbindung ☐
- **b)** Klemmverbindung ☐
- **c)** Stiftverbindung ☐
- **d)** Schweißverbindung ☐

3. Welche Aussage zur Innensechskantschraube ist richtig?

- **a)** Sie besitzt eine höhere Festigkeit als Sechskantschrauben. ☐
- **b)** Von ihr geht eine höhere Verletzungsgefahr aus. ☐
- **c)** Sie ist nur bis zur Gewindegröße M6 herstellbar. ☐
- **d)** Sie hat einen geringeren Platzbedarf und eignet sich für schwer zugängliche Montagen. ☐

4. Wodurch erfolgt die Festigkeitsangabe einer Maschinenschraube? Die entsprechende Kennzeichnung erfolgt …

- **a)** ... durch eine Zahl. ☐
- **b)** ... durch eine Zahlenkombination. ☐
- **c)** ... durch einen Buchstaben. ☐
- **d)** ... durch eine Buchstaben-Zahlenkombination. ☐

5. Welchen Schraubentyp gibt es nicht als Maschinenelement?

- **a)** Zylinderschraube mit Innendreikant ☐
- **b)** Gewindestift ☐
- **c)** Sechskantschraube ☐
- **d)** Senkschraube mit Schlitz ☐

Name: Klasse: Datum:

6. Wodurch unterscheiden sich **Regel-** und **Feingewinde**?

- **a)** Feingewinde haben eine kleinere Steigung. ☐
- **b)** Durch die Form der Gewindeflanken ☐
- **c)** Durch eine größere Herstellungsgenauigkeit ☐
- **d)** Durch eine bessere Oberflächengüte ☐
- **e)** Feingewinde besitzen weniger Gewindeflanken pro cm Schraubenlänge. ☐

7. Was bedeutet der Buchstabe „M" bei einer Schraubenbezeichnung **M 6 x 100**?

- **a)** Maschinenschraube ☐
- **b)** Metrisches Gewinde ☐
- **c)** Muttergewinde ☐
- **d)** Mehrzweckschraube ☐

8. Wofür steht die Zahl „6" bei einer Schraubenbezeichnung **M 6 x 0,75 x 50 8.8**?

- **a)** Schraubenlänge ☐
- **b)** Schraubenfestigkeit ☐
- **c)** Gewindesteigung ☐
- **d)** Gewindenenndurchmesser ☐

9. Welche Bezeichnung steht für ein metrisches Feingewinde?

- **a)** R 1 ¼ ☐
- **b)** M 8 ☐
- **c)** 1 ½ `` ☐
- **d)** M 10 x 1 ☐

10. Wozu verwendet man Schraubenschlüssel?

- **a)** Zum Öffnen und Schließen von Werkzeugschränken ☐
- **b)** Zum Verschrauben seitlich eines Schraubenkopfes ☐
- **c)** Zum Ab- und Einziehen von Radnaben und Lagern ☐
- **d)** Für Montagearbeiten bei Zugänglichkeit in Richtung der Schraubenachse ☐

Vorschlag:							erreichte Punkte:	erreichte Note:
Punkte:	10	9	8/7	6/5	4/3	2/0		
Note:	1	2	3	4	5	6		

Name:	Klasse:	Datum:	2 von 2

8 Funktionsstörungen identifizieren und diagnostizieren

Rückblick

8.1 Aufgaben zur Wiederholung

1. Definieren Sie den Begriff **Prüfen**.

2. Unterscheiden Sie **subjektives** und **objektives Prüfen**.

3. In der Prüftechnik gibt es **Messen** und **Lehren**.
Unterscheiden Sie die beiden Verfahren.

4. Nennen Sie vier verschiedene Längenmessgeräte.

5. Beschreiben Sie drei mögliche Fehler beim Umgang mit dem Messschieber.

6. Begründen Sie das Gebot, Mess- und Prüfgeräte (Messschieber, Form- oder Maßlehren etc.) von anderen Arbeitsgeräten und Werkzeugen getrennt abzulegen und aufzubewahren.

7. Skizzieren oder zeichnen Sie einen einfachen Stromkreis.
Kennzeichnen Sie darin jene elektrischen Betriebsmittel und Bauteile, welche grundsätzlich zu jedem Schaltkreis gehören.

8. Erklären Sie den Unterschied zwischen **technischer** und **physikalischer Stromrichtung**.

9. Unterscheiden Sie zwischen **direkter** und **indirekter** Widerstands**messung**.

10. Erläutern Sie die Kurzzeichen-Symbole **AC** und **DC**.

Name: | Klasse: | Datum: | 1 von 1

8.2 Aufgaben zur Vertiefung

1. Beschreiben Sie typische **Sichtprüfung**stätigkeiten im Rahmen von Wartungsarbeiten. Beurteilen Sie die objektive Aussagekraft von Ergebnissen verschiedener Sichtprüfungen an konkreten Beispielen.

2. Listen Sie tabellarisch mögliche Prüfvorgänge an Kfz auf und unterscheiden Sie, ob es sich dabei um **Messen** oder **Lehren** handelt.

3. Die **Grundbegriffe der Elektrizitätslehre** lassen sich anschaulich mit dem **Wassermodell der Elektrizitätslehre** verdeutlichen. In diversen Internet-Videos ist diese Wasser-Stromkreis-Analogie verständlich aufbereitet. Schauen Sie sich diese Video-Clips an und ordnen Sie die Begriffe Wasserdruck, Wassermenge und Drosselung den elektrischen Grundgrößen zu.

4. Beschreiben Sie, von welchen Größen der Widerstand eines elektrischen Leiters abhängt.

5. Diskutieren Sie die Realisierbarkeit von elektrischen Geräten mit einem Wirkungsgrad von 100 %.

6. Nennen Sie drei unterschiedliche Spannungsquellen, welche in modernen Kraftfahrzeugen verbaut sein können. Stellen Sie auch die jeweilige elektrische Spannungserzeugung vor.

7. Mit einer 1,7 m langen Kupferleitung sollen zwei Halogen-Scheinwerfer mit je 55 kW Leistung geschaltet werden. Berechnen Sie den nötigen Leiterquerschnitt in mm^2.

8. Beschreiben Sie drei Baugruppen im Kraftfahrzeug, in welchen ein Elektromotor als Antrieb genutzt wird.

Name:	Klasse:	Datum:	1 von 1

8.3 Arbeitsaufträge

1. Erläutern Sie die folgenden Begriffe.

Objektives Prüfen	**Messen**
Beispiele aus der Praxis:	Beispiele aus der Praxis:

Subjektives Prüfen	**Lehren**
Beispiele aus der Praxis:	Beispiele aus der Praxis:

Name: | Klasse: | Datum:

2. Ordnen Sie den folgenden Schaubildern die Werkzeug- bzw. Prüfgerätenamen richtig zu und ergänzen Sie die fehlenden Angaben korrekt.

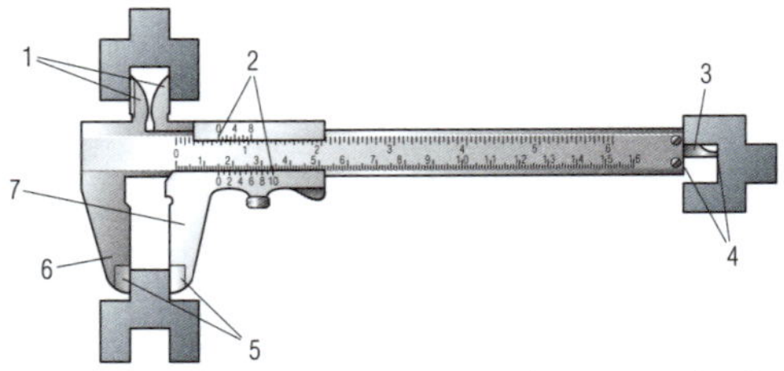

Werkzeugname: ____________________

Messgenauigkeit: ____________________

Mögliche Art der Messung:

____

Ablesen von ganzen mm:

____

Ablesen von Zehntelmillimetern (1/10 mm):

____

Ordnen Sie die Pos.-Nr. im Bild richtig zu:

- ___ Messflächen für die Innenmessung
- ___ Messflächen für die Tiefenmessung
- ___ Messflächen für die Außenmessung
- ___ Beweglicher Messschenkel
- ___ Fester Messschenkel
- ___ Tiefenmesseinrichtung
- ___ Nonien

Werkzeugname: ____________________

Messbereich: ____________________

Messgenauigkeit: ____________________

Mögliche Art der Messung:

____

Ablesen von ganzen mm:

____

Ablesen von 1/100 mm:

____

Mehr als 50/100 mm:

____

____

____

____

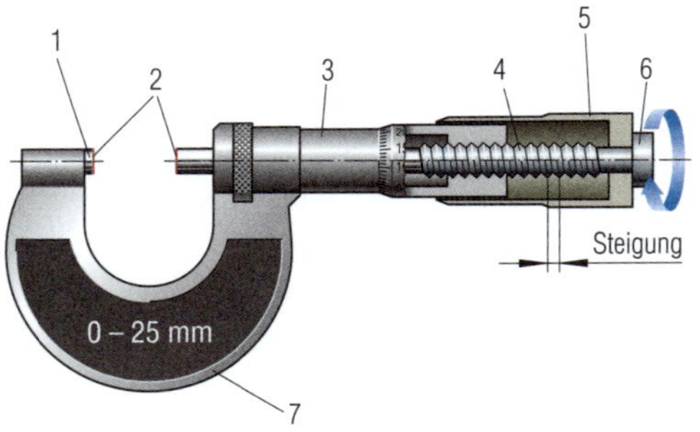

Ordnen Sie die Pos.-Nr. im Bild zu:

- ___ Bügel
- ___ Amboss
- ___ Ratsche
- ___ Skalenhülse
- ___ Skalentrommel
- ___ Messspindel
- ___ Messflächen

Werkzeugname:

Messbereich:

Messgenauigkeit:

Mögliche Art der Messung:

Typischer Einsatz am Kfz:

In der Abbildung erkennbares Maß:

Arbeitsregel beim Ablesen:

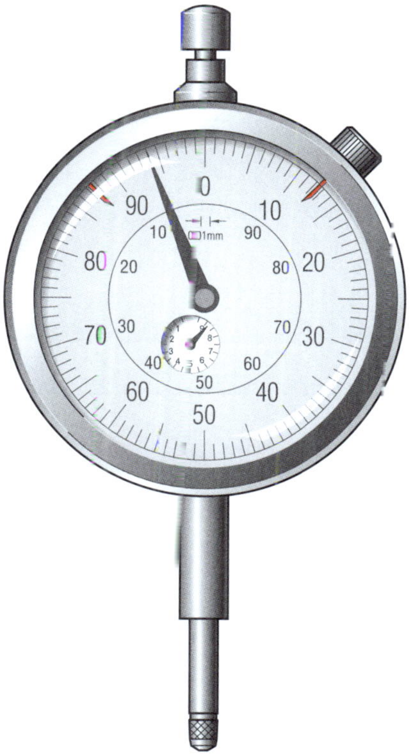

Werkzeugname:

Messbereich:

Messgenauigkeit:

Mögliche Art der Messung:

Typischer Einsatz am Kfz:

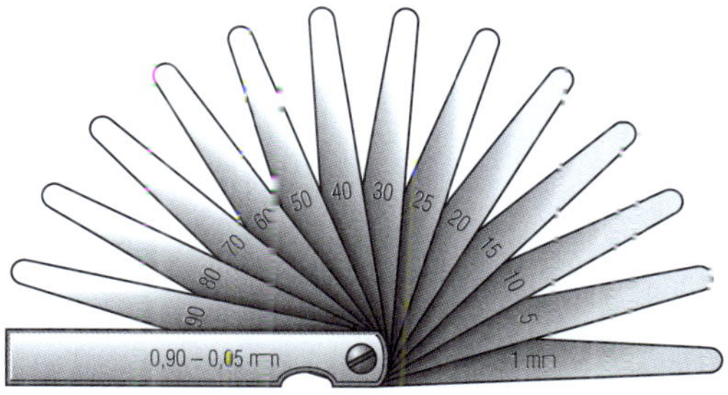

3. Ermitteln Sie die Maße auf den Skalen des Messschiebers.

Hauptteilung

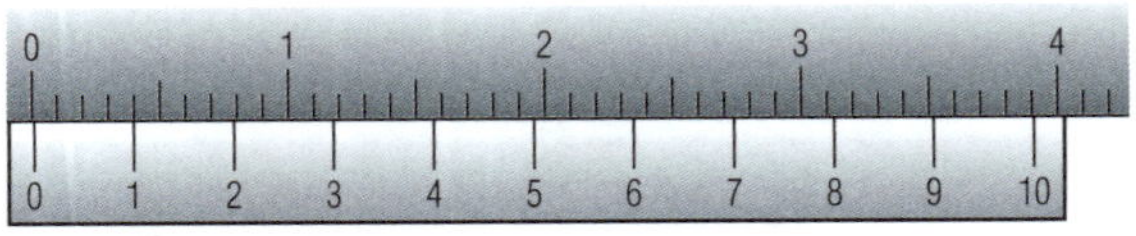

Noniusteilung

Maß 1:

Hauptteilung

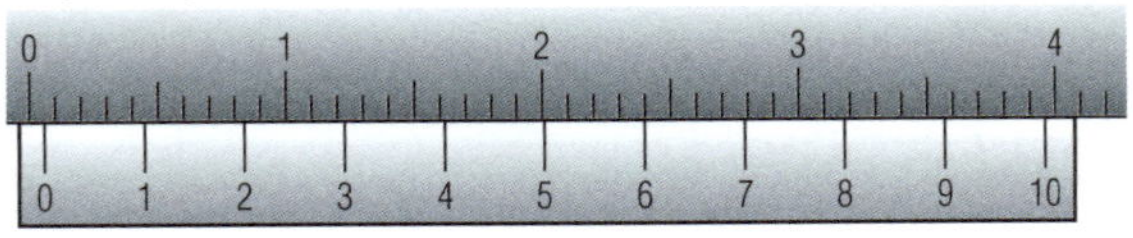

Noniusteilung

Maß 2:

Hauptteilung

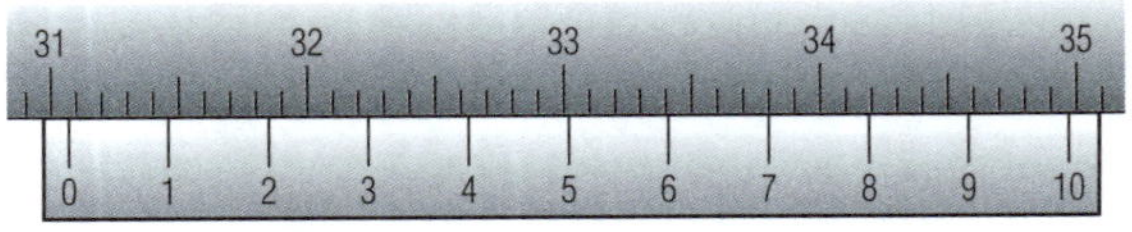

Noniusteilung

Maß 3:

Hauptteilung

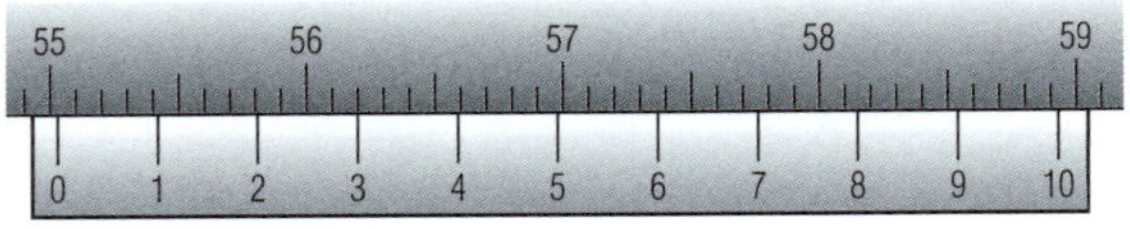

Noniusteilung

Maß 4:

4. Lesen Sie die angezeigten Maße auf den Skalen der Messschraube ab.

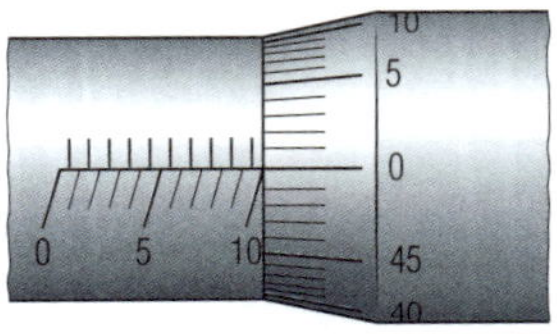

Maß 1:

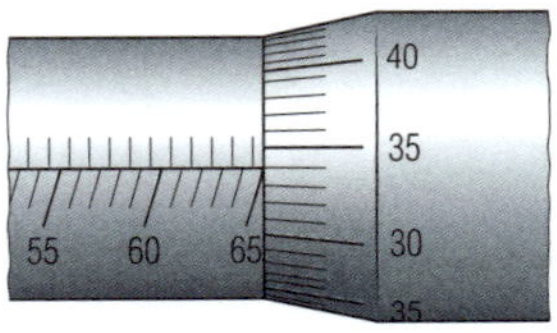

Maß 2:

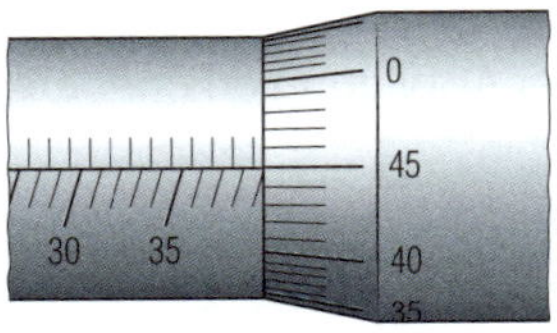

Maß 3:

5. Das folgende Rebus-Rätsel ergibt als Lösungswort einen grundlegenden Hinweis zu Arbeiten an der Fahrzeugelektrik.
Testen Sie Ihre Kombinationsfähigkeiten!

1 = V

1 = s

4 = m

3 = g

~~1~~ ~~2~~ 4 = i

5 = m

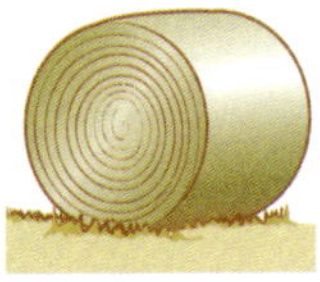

6. Häufig treten an elektrischen Systemen und in Schaltkreisen unspezifische und sporadische Fehler auf.
Sie entschließen sich zu einer Sichtprüfung am Fahrzeug.
Nennen Sie typische Fehlerquellen und häufige Mängel der elektrischen Anlage eines Kraftfahrzeuges.

Name: Klasse: Datum:

7. Vielfachmessgeräte (Multimeter) werden an Kraftfahrzeugen zur Fehleranalyse des elektrischen Bordnetzes benutzt. Oftmals ist es dafür notwendig, Widerstands-, Spannungs- oder Strommessungen durchzuführen.
Erklären Sie in der folgenden Abbildung die Elemente eines Vielfachmessgerätes.

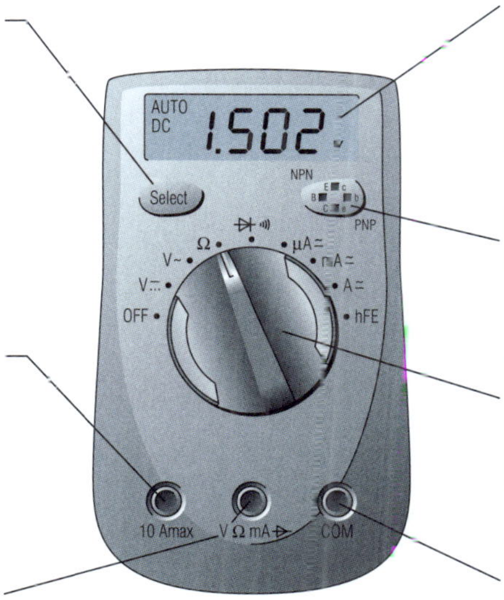

8. Eine defekte Kfz-Lampe trägt folgende Bezeichnung: H 7 12/55 PX 26 d.

a) Entschlüsseln Sie die Bezeichnung.

b) Erläutern Sie zu beachtende Arbeitshinweise beim Wechseln der beschriebenen Glühlampe.

9. Elektrische Prüfgeräte im Überblick:

a) Zur Fehlersuche sind geeignete Prüfgeräte zu wählen.
Benennen Sie zunächst die abgebildeten Prüfgeräte.

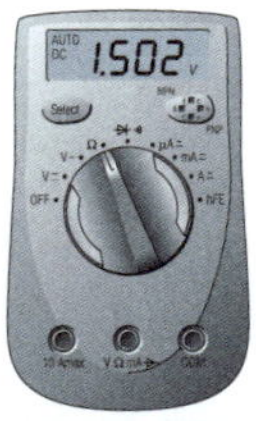	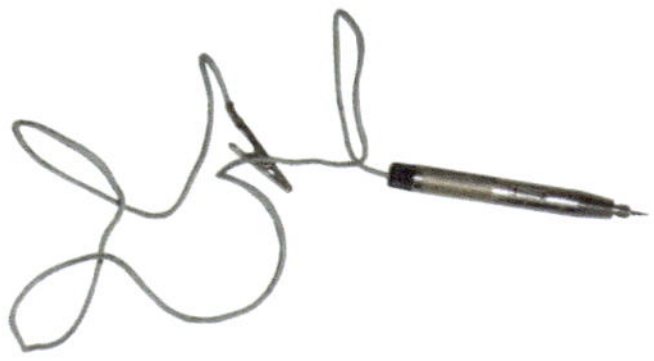	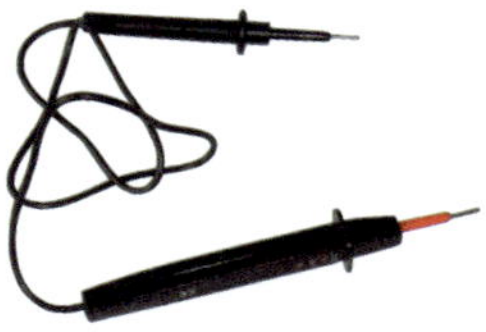
A	B	B
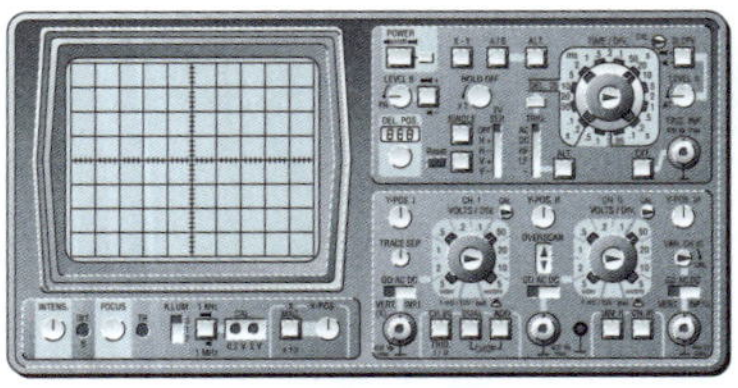	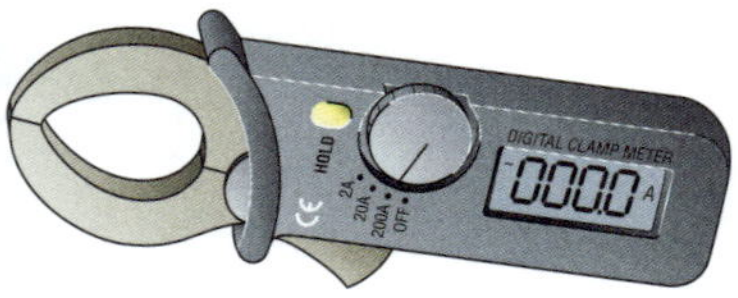	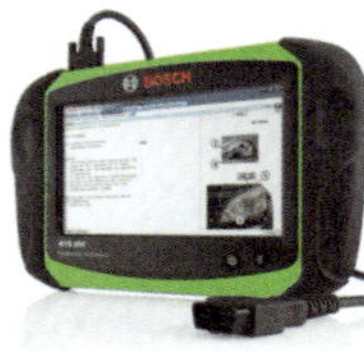
C	D	E

b) Ordnen Sie die dargestellten Prüfgeräte aus Aufgabe a) den unten genannten Arbeiten zu, indem Sie die jeweiligen Buchstaben richtig zuordnen.

	Fehlerspeicher auslesen
	Schnelle Prüfung einer anliegenden Spannung
	Amperemessung (ohne Leitungsunterbrechung)
	Widerstands-, Spannungs- und Amperemessung
	Signalverläufe (z. B. auf BUS-Leitungen) prüfen

c) Erläutern Sie die damit verbundene Gefahr und die daraus resultierende Einsatzeinschränkung, wenn das Prüfgerät **Standard-Prüflampe** zum Prüfen elektronischer Systeme verwendet wird.

8.4 Selbstlernzeit

1. Tabellenbuch nutzen:
Recherchieren Sie im Tabellenbuch Kraftfahrzeugtechnik HT 3510 nach Informationen zum Kapitel 8 (mechanisches und elektrisches Prüfen)
Entwerfen Sie eine Lernkontrolle mit 6–8 Aufgaben zum aktuellen Kapitel. Die entwickelten Aufgaben/Fragen müssen mithilfe des Tabellenbuches eindeutig lösbar sein.

2. Tabellenbuch anwenden:
Tabellenbuch und Rechenbuch fördern den sicheren Umgang mit Formeln, Tabellen und Normen bei Berechnungen technischer Größen am Kraftfahrzeug.
Trainieren Sie Ihre Fitness in Technischer Mathematik. Nutzen Sie das Werk HT 3515 „Technische Mathematik Fahrzeugtechnik" zum Lösen mathematischer Aufgaben im Bereich „Elektrotechnik".

3. Entwickeln einer Learning-App:
Entwickeln Sie mittels PC oder Smartphone digitale Aufgaben zum Themenbereich „Funktionsstörungen am Kraftfahrzeug identifizieren und diagnostizieren" anhand von Internet-Tools.

Kreieren Sie mindestens 5 Aufgaben, z. B. in Form von:
- Auswahlantworten (Single-Choice, Multiple-Choice),
- Offenen Fragen/Frei-Text-Fragen,
- Schätzfragen,
- Skalen-Fragen.

Skalenfrage

Auf einer Skala von 1 bis 100, wie hoch ist bei TÜV-Untersuchungen der Anteil von Mängeln an der Beleuchtungsanlage? Markieren Sie den geschätzten Level.

0 10 20 30 40 50 60 70 80 90 100

Name: | Klasse: | Datum: | 1 von 1

6. In welchem Leistungsbereich bewegen sich die Nennleistungen für Abblend- und Fernlichtglühlampen mit Halogenfüllung bei Pkw?

a) 55 … 65 Watt ☐

b) 5 … 20 Watt ☐

c) 75 … 100 Watt ☐

d) 220 … 400 Watt ☐

7. Eine Signalleuchte 12V 21/5W ist eine Lampe mit …

a) … einem Glühfaden, ☐

b) … zwei Glühfäden, ☐

c) … bedampftem Glaskolben, ☐

d) … Lichtstrombegrenzer. ☐

8. Wie lauten die Klemmenbezeichnungen an einer Lampe für Fern- und Abblendlicht?

a) 49 und 49a ☐

b) 53a und 53b ☐

c) 54 und 54g ☐

d) 56a und 56b ☐

9. XENON-Lampen sind …

a) … Einfadenlampen. ☐

b) … Zweifadenlampen. ☐

c) … Gasentladungslampen. ☐

d) … Glühwendellampen. ☐

10. Welche Antwort ist **falsch**? Glühlampen in Kugel- oder Tropfenform …

a) … gibt es als Einfadenglühlampen mit symmetrischem Bajonettsockel. ☐

b) … werden am häufigsten als Scheinwerferleuchten eingesetzt. ☐

c) … findet man am häufigsten in Schluss-, Brems- und vielen anderen Leuchten. ☐

d) … gibt es auch als Sonderbauform für Schluss- und Bremsleuchten. ☐

Vorschlag:							erreichte Punkte:	erreichte Note:
Punkte:	10	9	8/7	6/5	4/3	2/0		
Note:	1	2	3	4	5	6		

Name:	Klasse:	Datum:	2 von 2